The Keys to Innovation and Entrepreneurship
Stan Shih's Way of Wangdao

創新創業密碼

施振榮

Stan哥 的王道心法

施振榮 —— 著

林信昌 —— 整理

本書由公益出發，版稅捐贈國立陽明交通大學管理學院「王道經營管理研究中心」，用於支持該中心投入王道研究與推廣。

  王道經營管理研究中心

推薦序文————————————————————

王道經營管理的實踐家

　　本書有系統地從施振榮學長五十年創業與經營經
驗中，歸納出重要的觀念精髓，是學習 Stan 哥「創
業創業」與「企業再造」精神的必讀書籍。內容包括
一般的商業性創業與公益事業，到非營利事業組織的
創新創業經驗，更由一個重要的核心理念貫穿——即
施振榮學長的王道經營管理理念，領導人要具備「創
造價值」、「利益平衡」、「永續經營」的三大基本
信念。

創造價值、利益平衡、永續經營

　　書中談到許多非常珍貴的個案，科技與人文並
重，很多是經歷不少成功與失敗才累積出來的重要觀
念。我印象深刻的精華概念包括：Stan 哥的創業心

法、創新三要素、關鍵里程碑指標、創業者生態系統觀，含系統觀的創新力、變革與三 C 而後行、藝文界要有兼商的思維、商道乃共創價值與誠信多贏、無形理念與價值觀的傳承，以及傳承為永續等等。

本書也可以看成是以企業生命循環觀點與跨域創新角度來談「王道經營管理理念」之實踐，內容大多圍繞著本書主要精神，即價值創造要透過團隊與重要利益關係人共創，同時建立一個利益平衡，且能永續發展的機制。以下就我閱讀本書的心得，印證我在陽明交大上課的創業創新理論或案例，相互輔佐說明。

如前所述，《創新創業密碼：施振榮 Stan 哥的王道心法》一書的核心概念在施振榮學長的王道經營管理理念，即是領導人要具備創造價值、利益平衡、永續經營三大基本信念，尤其在一個組織中，要創造價值就要透過團隊來共創，建立一個利益平衡，且能永續發展的機制便非常重要。

我個人認為王道經營管理理念與麥可・波特（Michael Porter）與馬克・克萊默（Mark Kramer）在《哈佛商業評論》提出的 'Strategy and Society：

The Link Between Competitive Advantage and Corporate Social Responsibility'一文有許多相互呼應之處，但施學長更強調領導人要有視野，要能看見別人看不見的隱性價值。

施學長提出王道六面向價值總帳論，建議領導人在創造的同時還要考慮六個不同的面向：直接、間接、有形、無形、現在、未來，王道領導人在考慮所創造的直接、有形的現在價值之外，更要同時兼顧間接、無形未來的價值。

企業家角度的 ESG 思維

近年來環境、社會與治理（Environmental, Social, and Governance, ESG）觀念盛行，施學長的王道六面向價值總帳論便與 ESG 觀念相互呼應，而更具有遠見。大多書 ESG 論述都由主管機關、機構投資人、學者與 ESG 組織等角度出發，本書可以看成企業家角度的 ESG 思維。

　　一般 ESG 數據被定義為非會計性資訊，因為它反映了未揭露於報告卻對公司價值重要的因素，也強調隨著影響企業評價的因素日趨複雜，無形資產的影響力不斷增加，透過 ESG 指標可衡量企業管理層所作出影響營運效率，以及未來策略方向的決策，並提供品牌價值及聲譽等無形資產狀況的觀點，這也正是施學長所提到直接、間接、有形、無形、現在與未來價值的兼顧。

　　書中提到台積電是實踐王道經營管理理念的最佳典範企業，讀者們可從閱讀本書得到重要參考，共存共榮、非贏者全拿。台積電也在晶圓代工這個創新的模式下領先同業，從一開始只有世界三流的技術，在對的經營模式下，一路累積實力，不斷擴大規模及投資，如今成為世界一流的頂尖企業，並專注在晶圓代工的分工領域創造價值。

　　利益平衡亦是王道經營管理理念的核心概念之一，要追求相對平衡與動態平衡，需要有權重的概念來做修正，尤其在本書中提到，利己的最好方式反而是透過「利他」。

　　這使我想起哈佛大學教授華瑟曼（Noam Wasserman）分析 Apple's Core 創業個案。他提到蘋果公司（Apple Computer）創立時，因為有一個堅強團隊將公司利益與角色扮演十分平衡而創業成功，但在後續電腦的發展中，卻因為利益動態不平衡，勝利方程式改變，1985 年賈伯斯被他自己創辦的公司開除，蘋果公司自然開啟新的企業再造。高科技產業特色在產品壽命周期短，企業如何從一代拳王，逐步成為二代拳王、三代拳王，利益動態平衡的維持與永續發展更形重要。

從「0 到 1」與「1 到 N」

　　施學長也分享了發展新創事業如何由「0 到 1」與「1 到 N」，以達到創業成功，成熟公司該如何發展新事業或新商業模式行為，該由誰來領導新事業的發展？領導人要思考自己能創造什麼價值？

　　要能產生滾雪球的效應，一定先要掌握產業發展的「大趨勢」長坡，而且要藉由關鍵里程碑指標來評估新事業的績效，降低失敗的可能。而發展新創事業最難之處為何？在台灣創業的優勢？如何走台灣獨特的路？如何迎接台灣產業轉型的新機會？在這本書中都有仔細地說明。

　　施學長提到「Me too not my style」，也與彼得‧泰爾（Peter Thiel）認為創業家應避免跟風，且最重要的是企業家要創造出新的市場之觀念相符合；施學長亦提到創業者要有生態系統觀，就是要使創新策略符合生態體系。

　　以全球受矚目的電動車產業來看，即使電動車設計與製造的再完美，如果沒有良好的生態系統如充電站體系，也無法使電動車蓬勃發展。由於特斯拉CEO馬斯克（Elon Musk）有非常好的生態系統觀，了解網絡效應的重要，也造就特斯拉的充電系統，使其擁有最重要的競爭優勢之一。

王道經營管理的實踐家

本書有很多內容非常值得細心體會，在我擔任王道經營管理研究中心主任期間，更將王道經營管理理念納入成為「逆境領導」主題的重要教學理念。同時，我也逐漸成為王道經營管理的實踐家。

以我個人為例，2019年臨危受命，基於即將合校，接任當時招生不甚理想的陽明大學生技醫療經營管理碩士在職學位學程（生醫EMBA）執行長，我的經營理念便是「創造價值」、「利益平衡」與「永續經營」。

首先以平台為思維，期能為生醫EMBA創造價值，在轉型時注重重要利益關係人的利益平衡，推出轉型共治模式；當一切穩定，便著手推動永續經營的重要工作，包含培養接班人，所以雖然在接手時發現財務赤字，在撙節經費的前提下，最近兩年的招生都相當圓滿成功。

放眼全球科技發展趨勢，已經創造出加速產業數位轉型的生態系統，施學長也在本書後半部分，對於

如何迎接企業數位轉型與智慧醫療等等的新機會，提出豐富的說明，特別是如何打造台灣智慧醫療的王道產業生態與產業的升級，有精闢的見解；並且對於「商道」作出最有利於社會之詮釋。

商者乃共創價值，而道者乃誠信多贏。各行各業都要有兼商（兼著做商人）的觀念，才能為社會創造價值，世界聞名的台灣池上米，亦是重要的典範。

這一本書，是從 Stan 哥五十多年創新創業經驗，淬煉、歸納出來的創新管理與企業組織經營的理論精髓，施學長是企業家中最具公益事業創業經驗者，每一章節內容都非常值得細讀與細心思考體會，推薦給每一位讀者朋友們。

國立陽明交通大學管理學院院長
王道經營管理研究中心主任

鍾惠民

作者序文————

創新、創業、創價值

　　我在 1971 年從交通大學電子研究所畢業，畢業後到環宇電子公司任職，這是我第一個工作，在這個工作上，我研發出台灣第一台桌上型電算器。隔年（1972）環宇公司的老闆邀我一起創立榮泰電子，專注開發掌上型電算器，我也開發出台灣首台掌上型電算器，同時還開發出世界第一隻電子筆錶。

　　榮泰電子的發展十分快速，公司不斷成長，獲利也很好，但後來因治理的問題致使破產，我不得不出來自行創業，並在 1976 年成立宏碁公司。

　　當時我創業的使命是希望強化台灣的研展及品牌行銷，以及不要喪失二次工業革命帶來的契機，於是從無到有，我一步步帶領 Acer 品牌邁向國際，並在宏碁成長的過程中鼓勵同仁內部創業，到 2004 年底我由宏碁正式退休時，由我一手創立的「ABW 家族」（宏碁 Acer、明基友達 BenQ、緯創 Wistron），都

各自擁有發揮的舞台。

不過，我由宏碁退休後並沒有從社會退休，仍持續投入創業，同時善盡個人的社會責任（Personal Social Responsibility, PSR），關注台灣永續發展的競爭力，積極建立台灣未來發展需要的新核心能力。

在營利事業方面，2005 年我創辦智融集團，打造退休後的另一個新舞台，結合來自宏碁經營暨投資部門提前退休的高階主管及創投界精英，以「智慧融通、共創價值」為目標，提供創投基金管理、顧問諮詢等服務。

其實，早在 1984 年我就成立了台灣第一家創投公司──宏大創投，因此一路走來，不論是我自己發起創立的公司、內部創業的公司、創投基金投資的公司，我已看過幾百家企業的創業過程，雖然有的失敗，不過絕大多數最後是成功了。

回顧我自己創業的過程，也經歷過無數的教訓，可說是繳了最多學費的創業家，宏碁在我退休前歷經二次再造（1992 年再造宏碁、2000 年世紀變革），

加上退休後在 2013 年啟動三造宏碁，也是面對客觀環境的變化，不斷調整組織及經營策略，才能讓企業永續經營。

如今退休後的我，投注更多心力在社會企業的創業，希望藉由創新思維為社會開創更多的新價值。

在 2019 年底，我成為「最老的創業家」，因為七十五歲還在創業。為協助藝文界推動「文化」與「科技」跨域双融、共創價值，在文化科技發展聯盟民間指導委員共同發起下，我在 2019 年 12 月正式成立「科文双融公司」，還重披戰袍擔任董事長，但重要的是，公司以「社會企業」為定位。

此外，由我共同發起舉辦的新年音樂會，於 2019 年元旦首度舉辦，至今已舉辦三屆，大家攜手共創價值，為社會帶來更多美好的新體驗。

另一個案例是，我與政治大學商學院陳明哲教授在 2011 年攜手成立「王道薪傳班」，至今已十年，還記得首屆有來自兩岸共三十多位學員一同參與，他們要成為企業領導人的企圖心強烈。後來我為了進一

步推廣並擴大影響力，也與台灣大學管理學院李吉仁教授合作開班。

此外在 2015 年，我也與台灣大學會計系劉順仁教授一同推動「王道經營會計學」專案計畫，希望能改變現行會計制度較偏重看得見的「有形、直接、現在」的顯性價值，而較容易忽略看不見的「無形、間接、未來」的隱性價值。

如今為了持續推廣王道，讓王道思維普及化，更與「王道經營管理普及化發展聯盟」合作，透過聯盟培訓的講師，將王道思維推廣到企業經理人，希望有助王道理念落實到企業經營中；且為了長期投入王道相關的研究，我也與陽明交通大學管理學院於 2020 年攜手成立「王道經營管理研究中心」（Sustainability Leadership Research Center），期待未來能以東方的管理哲學理論作研究架構，對世界文明作出更多具體的貢獻。

這一路走來，我都是由王道出發，要打造一個所有利益相關者可攜手創造價值且利益平衡的機制，如此經營才能永續。在發展過程中，為了有效創造價

值，就需要提供誘因，過去我以「隱性誘因」聚集許多創造價值的人才，這些「隱性誘因」諸如公司的使命、願景、組織文化，如同宏碁「微處理器的園丁」當年吸引許多人才與我們一同打拚般，灌溉這個全新的園地。

而為了企業內部的有效溝通，隨著企業發展的不同階段，我也提出許多的倡議及願景目標，諸如「不me too」、「龍騰國際、龍夢成真」、「全球品牌、結合地緣」、「要分才會拚、要合才會贏」等。

面對台灣大環境的變化，我更先後提出包括「科技島」、「世界公民」、「人文科技島」、「創新矽島」、「東方矽文明」等倡議，以及「微笑曲線」、「新微笑曲線」、「千倍機會百倍挑戰的服務業國際化」、「華人優質生活」、「以內需帶動外銷」等台灣未來願景及策略方向的建言。

我不斷思考台灣的新未來，提出有助產業及社會正向發展的倡議與策略的口號，為的就是讓大家可以攜手共創價值。我希望能透過本書將這些精神與大家充分溝通，並分享我的王道經營哲學及實踐案例，讓

大家在創業之路可以少繳一些學費。

　　就如同本書的書名《創新創業密碼》，創新才能創造價值，並以創業落實，對社會作出具體貢獻。我的創業之路走來不只身經百戰、甚至千戰，希望我的經驗也能對大家有所幫助。

國立陽明交通大學管理學院
王道經營管理研究中心榮譽主任

施振榮 Stan 哥

目錄

Keys to
Entrepreneurship

第一部

創業密碼

第一章
創業與專業

　　王道是領導人要具備的思維，「創造價值、利益平衡、永續經營」是三大基本信念，尤其在一個組織中，要創造價值就要透過團隊來共創，因此如何建立一個利益平衡的機制十分重要。

　　這裡所談的價值是指「六面向的總價值」，在「有形、直接、現在」的顯性價值外，還要兼顧「無形、間接、未來」的隱性價值。此外，價值也有正價值與負價值，在創造價值的同時，要注意避免產生負面的隱性價值。

　　要創造價值有二個階段，一個是「創業階段」（我稱之為「0 到 1」），一個是「專業階段」（我稱之為「1 到 N」）。

"

發展新事業不能影響到原本舊事業部門的分紅，一定要保護舊事業部門努力的成果不受到影響。

"

「0到1」與「1到N」

由「0到1」是一個探索有價值的「1」的創業過程，從無到有探索新事業，要不斷摸索才能找到對的方向；當確認已找到對的方向，而且能創造價值後，由「1到N」則是要將有價值的「1」透過專業，擴張成長為更大的「N」，創造更大的價值，擴大經營規模。

企業要持續不斷創造價值才能永續，因為原本企業賴以創造價值的核心事業或市場，隨著時間及客觀環境的變化，所能創造的價值會慢慢貶值，或者因為

競爭的結果供過於求，價值受到限制，或因市場漸趨飽和，使成長受到限制。

因此，企業要追求永續，就需要不斷創新，並探索未來可以發展的新事業。所以，發展新事業對於一個老公司而言相當重要，要不斷無中生有，以彌補萎縮的業務，才能讓企業生生不息。

新舊事業的衝突

但對大企業來說，發展新事業或新商業模式，為的是要找到新獲利空間，但往往會和既有舊事業產生利益衝突或文化衝突，因此把新事業放在內部發展，反而無法有效管理。

舉例來說，當年最早發明數位相機的柯達（Koada），以及最早跨入智慧型手機的諾基亞（Nokia），原本都是該領域的領先者，但為什麼沒能掌握開發新技術及新產品的機會？答案是因為原本的事業經營得很好，大家不想改變，只想保護現有利

益。就像英特爾（Intel）為了保護原本在 PC（Personal Computer，個人電腦）市場 CPU（Central Processing Unit，中央處理器）的利益，喪失進軍手機市場的新機會。

實際上，當新事業和舊事業放在一起時，就會產生管理文化的衝突，因為由「0 到 1」（創業）與由「1 到 N」（專業）的思維及管理模式不同。

對新事業部門的同仁來說，發展新事業很辛苦，但又會覺得舊事業部門沒有給予支持；而舊事業部門會覺得新事業部門一直在花錢，看了就不順眼。也因此，用企業既有的管理模式來管新事業，往往也會出現問題。對新舊不同事業需要有不同的管理模式。

因此，為減少新舊事業的衝突，很重要的是，發展新事業不能影響到原本舊事業部門的分紅，要保護舊事業部門努力的成果不受到影響。

宏碁曾經為了開拓美國市場，而輸掉其他部門賺到的錢，大家都很失望，後來的做法是讓每個事業部門本業賺到的錢先分，之後再上繳總部，總部再把上

繳的錢投入作為企業長期的規劃發展，透過內部創業
讓子公司有獨立發展的空間。

帶領新事業：「位高、權輕、影響力大」

宏碁在三造的轉型過程中，董事長陳俊聖提到推
動「Dual Transformation」（雙重轉型），目標除了
推動既有的核心事業進行衍伸，加強發展「新核心事
業」（New Core Business）外；同時也要發展新事
業、掌握新機會，我們稱之為「新事業」（New
Business）。而在宏碁內部的「新事業」，目前是由
我來幫忙，帶著這群年輕同仁一同摸索未來的方向。

記得七、八年前，我在「王道薪傳班」跟政大陳
明哲教授（我們在 2011 年共同發起成立「王道薪傳
班」）討論大企業發展新事業的模式，談到美國大型
企業在內部發展新事業並不容易，因此新創事業多半
是大型企業的員工離職後，在外自行發展，找到風險
基金（Venture Capital, VC）投資，等到發展成功後，

大企業再透過併購，在企業內部放大價值，這是美國目前的做法。

我在擔任奇異電子（General Electric Company, GE）亞太區國際顧問時，曾到 GE 紐約總部跟當時的 CEO 傑克威爾許一起開會交流，當時 GE 的新事業是由副董事長在管理，董事長則把主要的時間放在舊核心事業的變革。

「王道薪傳班」參考討論後得到一個結論，在大企業中要發展新事業，最好由「位高、權輕、影響力大」的人來帶領。而在宏碁內部，我是創辦人算位高，現在已退休所以權輕，加上影響力還在，所以目前是由我帶著新事業團隊，給他們一些建議。

宏碁「新群龍計畫」

原本宏碁在九〇年代提出「群龍計畫」，鼓勵內部創業，當時喊出「要分才會拚、要合才會贏」的口號，不過大家各自獨立後真得很拚，但卻少了「合」

的機制，造成整體的綜效有限。

此次宏碁在三造時，為了解決企業內部發展新事業面臨「創業」及「專業」之間的衝突與困境，提出了「新群龍計畫」。除了原本「分而拚」的機制外，就是要強化「合」的機制，其核心精神是希望能提供新事業單位一個相對獨立的創業環境，同時兼具專業管理的思維，以創新的做法在企業內部建立一個可以讓由「0到1」（創業）與由「1到N」（專業）無縫接軌的新機制。

由於創業與專業的本質不同，在組織管理文化與思維上存在著衝突性，經常造成企業的兩難困境，企業內部要解決這樣的衝突與問題並不容易，也要面對很多的挑戰。

為了讓兩者能融合，一定要調整企業內部的思維，當中很重要的關鍵是要容許新事業在初期發展、還不夠成熟的時候作資源整合，適時給予援手，為了企業的生生不息，彼此分工合作。

一方面新事業要在公司內部發揮創新創業的精

神，另一方面要借重原組

等，在組織既有的基礎上

「1」，就可以透過組織即

並將規模擴大，由 1 發展

　　而在組織內部如何讓「創業」與「專業」這兩種
不同的文化能夠相融，就需要透過新機制的建立，才
能達成双融的目標。

創業 KMI

　　從王道出發，領導人要思考：「自己能創造什麼價值？」企業或組織存在的價值，在於能為社會創造價值，但如果只從「有形、直接、現在」的角度來看，衡量指標就會太過偏差，容易形成盲點。

王道六面向價值

　　因此，王道領導人不僅僅考慮創造「有形、直接、現在」的顯性價值，更要同時兼顧「無形、間接、未來」的隱性價值，並隨著時間與客觀環境的變化來調整這六個面向的權重，所追求的利益才會相對較為平衡。

神，另一方面要借重原組織的資源與人脈、通路等等，在組織既有的基礎上，一旦找到可以創新價值的「1」，就可以透過組織既有的專業複製成功模式，並將規模擴大，由1發展到N。

而在組織內部如何讓「創業」與「專業」這兩種不同的文化能夠相融，就需要透過新機制的建立，才能達成双融的目標。

創業 KMI

從王道出發，領導人要思考：「自己能創造什麼價值？」企業或組織存在的價值，在於能為社會創造價值，但如果只從「有形、直接、現在」的角度來看，衡量指標就會太過偏差，容易形成盲點。

王道六面向價值

因此，王道領導人不僅僅考慮創造「有形、直接、現在」的顯性價值，更要同時兼顧「無形、間接、未來」的隱性價值，並隨著時間與客觀環境的變化來調整這六個面向的權重，所追求的利益才會相對較為平衡。

> 發展新事業不適合以傳統 KPI 來評估績效，應
> 該要用 KMI（Key Milestone Indicators，關鍵
> 里程碑指標）來管理較為合適。

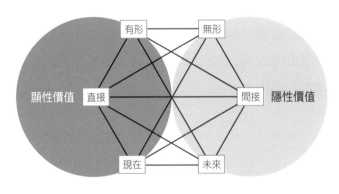

▲ 六面向價值總帳論

　　在企業發展的過程中，追求永續是目標，領導人
一定要時時刻刻提醒自己，從這六個不同的面向來省
思組織是否有兼顧這六面向的平衡發展，以及所創造

的總價值是否對社會有所貢獻，並納入時間的因素，以長期「算總帳」的概念來看所創造的價值。

如果領導人只重視「有形、直接、現在」的顯性價值，而忽略了「無形、間接、未來」的隱性價值，沒有從組織永續發展的長遠角度來思考，沒有超前部署提早投資未來，長此以往將會讓組織喪失競爭力。

例如人才培育、品牌、研發等等，都是企業追求永續最重要的「無形、間接、未來」的隱性價值，領導人要重視並投入心力及資源，顯隱並重，以追求長期最大的總價值。

企業慣用的績效評估指標：「KPI」

一般企業對於績效評估經常採用「KPI」（Key Performance Indicators，關鍵績效指標）來評估部門的表現，KPI 指標是具體可以評估的數字，用 KPI 來管理企業經營績效，是相對行之多年，且大家普遍認同的方法。

　　只不過從六面向價值來看，KPI 較偏向顯性價值（有形、直接、現在）的評估，而隱性價值（無形、間接、未來）的 KPI，比較容易被忽略也較難設定指標。但政府所做的事情很多都是對「無形、間接、未來」有極大的影響，如果只用顯性價值作為施政 KPI，往往未能掌握到重點。

　　所以一般來說，KPI 較適合用在成熟的組織，但當我們要發展新事業時，如果單單只用 KPI 來衡量，恐怕不是很貼切有效。

　　實際上，在成熟的大企業內部要發展新事業時，會遇到很多困難，像是組織文化可能各有不同，也不清楚如何有效管理的方式。對剛剛起步的新事業來說，如果在初創時期採用 KPI 的績效指標來評估，通常會不得要領，而且看不出成效，也會讓部門同仁無所適從。

　　宏碁在三造變革轉型時，一開始也用 KPI 來管理新事業，讓新事業部門的同仁感到很困擾，因為財務部門要求作 KPI 的相關數字，大家都不知道怎麼提供 P 的具體數字。成熟的事業都是用營收、獲利的

具體數字來展現 KPI，但對新創事業來說，往往還寫不出來。

在了解同仁的問題所在後，後來我想到應該用另一套指標——「KMI」（Key Milestone Indicators，關鍵里程碑指標）來評估新事業的績效。

新創事業的績效評估指標：「KMI」

新事業可以用三個關鍵的里程碑來評估：

● 新產品（樣品）、新服務可以試用的時間點：成功將概念具體商品化，可對外提供商品或服務的時間點。

● 獲得有意義的客戶數且獲客戶滿意：推出第一版的商品或服務提供客戶，客戶滿意並獲得適當的客戶數量。

● 達到損益平衡的時間點：藉此確認新事業是否採取了有效的模式，因為達到損益平衡才能長期永續。

　　新事業預設的這些里程碑，如果未能如期達成時，就要檢討是否太過樂觀或仍不得要領，並調整原有的做法，才不會以無效的方法繼續發展下去。

　　因此發展新事業，我認為不適合以傳統的 KPI 來管理，而應該要採用 KMI 來管理，我也會請新事業的經營團隊從 KMI 的關鍵里程碑來提出目標。

　　尤其許多新事業在剛起步時，往往需要一些時間和過程來發展，才能找到對的經營模式和對的市場，在過程中會遇到許多困境和風險，需要時間將遇到的困難與挑戰慢慢排除，也許得花上三、五年才能開花結果，但這就是創業的必經過程。

BP 數字不可靠

　　其實我也對於要求新創事業寫「BP」（Business Plan，商業計畫書），不完全認同，我創業時也沒寫 Business Plan。我認為寫 Business Plan 唯一的好處，是讓創業團隊去思考公司的願景、定位、目標、策

略、產品及技術等等，也從財務的角度去思考成本、毛利、淨利、研發經費比例、人事支出等等，仔細去想過這些問題。

至於 BP 所預估的財務數字只能當參考，數字不見得可靠，用那些數字來做管理，是不太可行的。

因此投資者在評估是否投資新創事業時，還是要看創業團隊對新事業經營模式的描述、假設、想法、條件、分工等等，其背後的思考邏輯反而比較重要。至於 BP 對三、五年後的財務預估數字，就只要大概看一下，能具體落實恐怕很有限。

.

第三章
滾雪球滾出新未來

對於創業，該如何一步步成長擴張？我提出一個「滾雪球」策略。宏碁創業的過程也是採取滾雪球的策略，讓宏碁的成長從無到有，一步步滾大。

「滾雪球」的基本條件

要產生滾雪球的效應，首先一定要有「長坡」。所謂的長坡，指的就是產業發展的「大趨勢」，順勢則興，逆勢則亡。當年宏碁創業，掌握微處理機的應用就是抓到這個大趨勢，如今像 IoT、5G、AI 的未來發展都是大趨勢，只要順著趨勢，要滾大就不太費力了。

在創業之路上，不要只看到美國與大陸的成功模式，一定要走台灣自己獨特的模式才會成功。

　　此外，滾雪球還要有兩個基本條件，其一，先要有小雪球，且小雪球本身是有濕度的，有了濕度以後，才會慢慢形成一個小雪球。就像是啟動創業時，要先有一個基礎來發展，創業從 0 到 1，要先有一個小小的 1 來開始發展。

　　其次，則是要大環境的配合。例如天候有大雪，加上溫度對了，又有風勢助長，自然可以順著長坡將雪球滾下去。

　　因此在投入創業時，一定要先探索有價值的「1」，比較容易複製的「1」，就如同是較容易滾下去的雪球一般。否則如果找到的是不容易複製的「1」，就算日後滾下去，所能創造的價值也會受限。

　　在 Internet 網路世界的「1」，是相對容易滾大的。網路世界中的 APP 以百萬計，但對使用者來說，一種類別只會需要一個 APP，最多兩、三個，像是我的智慧型手機所使用的通訊軟體，跟台灣及亞洲地區的人溝通用 LINE，跟大陸地區用 WeChat，跟美國地區就用 What's APP。

　　所以即使在網路的世界可以容許無數的 APP 存在，只要有創意就能創造出新的 APP，但如果不能爭取到消費者的目光，沒有足夠多的使用者，就無法產生網路效應，也不會有群組（族群）關係所產生的 N 次方效應。

　　因此，創業就要建構一個「有價值的 1」、「容易複製的 1」。不過我也要提醒大家，有時硬體產品如果太容易複製，進入門檻又低的話，往往能創造的價值會因供過於求而貶值。反觀在軟體或服務的領域，通常是 Winner takes all（贏者全拿），同一個領域只有二、三個贏家能存活下來。

新創事業最大的挑戰

其實在我看來，新創事業最難之處，在於要將創新推展至市場接受的教育費用及推廣費用，這會遠超過開發產品或技術的費用，這是商品化的過程，也是新創事業面臨的極大挑戰，但新創事業往往會低估這部分費用。

此外，新創事業的發展，我的觀察是「成功比你預期的慢，但成長比你預期的快」。它並不是直線式發展，而是一旦時機成熟，到了一個對的爆發點後，就會快速發展。

因此在 0 到 1 的探索階段，要不怕犯錯，錯了就改，就是一般所稱的 Quick Fail（快速失敗），然後在一次次的失敗中，快速累積經驗，成為日後成功的養分。

走台灣獨特的創業路

　　年輕朋友在創業之路上，往往只看到美國與大陸的成功模式，但未來要能開花結果，一定要走台灣自己獨特的模式才會成功。

　　在美國與大陸看到的產業型態，在台灣不見得會相同，產業大趨勢雖然相同，但如何整合出有效的生態，在美國、大陸皆與在台灣不同，但也只有具有不一樣的生態，台灣才有優勢及生存的空間，否則只能雞蛋碰石頭。所以我常說，宏碁創業至今有現在的規模，是當初創業時沒想過的，也是慢慢演進到現在這個樣子。台灣高科技產業發展的成功，走的是台灣模式，與美、日的高科技發展模式完全不同。

　　我認為在台灣創業的優勢，一方面要借重台灣現有的硬體製造基礎，加上台灣人才成本相對較低，以及具備速度、彈性、勤勞等特性，在國際上相對具有優勢；另外要掌握在華人市場的應用。這是創業要掌握的兩大關鍵，至於能否開花結果，則還有待未來幾年慢慢摸索。

　　很重要的是，創業的人不能只用自己的想法來創業，而要思考能為消費者創造什麼附加價值。如果消費者會因為沒有這個東西而日子不好過，創業才能真正成功！

創業要有全球化的格局

　　此外，我也要鼓勵年輕朋友，投入創業的格局不能僅限於台灣或大陸市場，創業思維在一開始就要有全球化的格局，不能只滿足於兩岸的市場。

　　這也是為何我常提到：「台灣不缺人才，只缺舞台」。如果人才在台灣能創造的價值是 x1，那在大陸能創造的價值就是 x10，能在全球市場創造價值就是 x100。

　　我想，不論從台灣的定位或由價值創造的角度來看，在台灣投入創業都需要具備全球化的思維，尤其我們的資源相對有限，單靠台灣市場或大陸市場，所創造的價值都會受限。如果一開始投入創業就有全球

化的思維，由小而大，慢慢展開全球化布局，相信能
創造的價值也最大。

迎接台灣產業轉型的新機會

此外，台灣正面臨硬體製造附加價值相對有限的
挑戰，產業亟待轉型，才能再次提升整體競爭力。

而台灣產業轉型的關鍵就在順勢造勢，因此必須
能掌握未來產業發展的大趨勢，包括「AI 人工智慧、
Big Data 大數據、Cloud 雲端」（簡稱 ABC）都是產
業的大趨勢所在，台灣未來的轉型方向也應在此方向
上努力。

在 ABC 的產業大趨勢之外，硬體設備（Device）
可說是台灣的獨特優勢所在，在多年累積下，已深具
國際級的競爭力，年輕朋友投入創業若能有效整合
ABCD，掌握未來的新趨勢，在台灣的硬體基礎上進
一步創造附加價值，便有可能開創出一些新的機會，
為台灣找出一條新路。

第四章

創業成功的關鍵密碼

　　為推動科技創新，同時鼓勵年輕人勇於投入創業，科技部（前身為國科會）於 2013 年 3 月正式啟動「創新創業激勵計畫」，並由財團法人國家實驗研究院科技政策研究與資訊中心執行至今，我也受邀擔任該計畫的「榮譽教務長」，每年兩梯次與參賽學員們分享經驗，並為這群年輕人加油打氣。

　　許多有心投入創業的年輕朋友們經常問我說：「Stan 哥，創業成功的關鍵是什麼？」我分享，美國矽谷的創業家曾分析創業成功的五個重要因素，包括：創意（Idea）、團隊（Team）、經營模式（Business Model）、資金（Funding）、時機（Timing），他們得到一個結論，其中最為關鍵的就是「時機」這個因素。

"
創業所需要的資源很多，錢只是必要條件，並不是充分條件，也不是創業最關鍵的東西。
"

創業成功密碼：「時機」最關鍵

對於「時機」這個因素，我的看法是「如何有效掌握時機」最為關鍵。首先一定要身歷其境地投入，才能掌握最佳時機，因為太早投入會耗盡資源、後繼無力，太晚又會來不及掌握機會。

要掌握時機，就與「順勢」及「造勢」有關。我們身處在這個多變的大環境中，可以想見一定會受大環境發展趨勢的影響，所以我們要對所處環境的大勢所趨有所認識，在看清情勢後，進而找到應對策略，如此會較容易成功。

因此，很重要的一個策略思維就是要「順勢造

勢」──順著「勢」（大勢）來造自己的「勢」，太早或太晚投入都不能在大勢上造出自己的勢。而且，要在相對有限的資源上，利用過去所累積的基礎，在特定領域占有一席之地，這是創業者要面對的挑戰之一。

其次，在創業的過程中，氣也要夠長。即使投入的時間點過早，在過程中也可以在必要時放慢腳步，甚至暫停，但不可輕言放棄。且除非未來的大趨勢已改變，否則要確保手上的資源能撐到成功的那一天。

此外，在掌握機會前，要先花足夠的時間來建構所需要的新核心能力，機會是給準備好的人。

投入創業有一些基本的原則，可以增加創業成功的機會，時機的重要性在於提醒我們要 Smart 地投入資源，太大或太小都不適當，而且要做得早、做得小，並在過程中慢慢累積經驗。

創業迷思：只有要錢一定會成功

　　年輕人在創業的過程中，有時對創業會存有一些迷思，這些迷思可能會讓年輕朋友在創業路上得多繳一些學費。

　　例如年輕朋友有時會想：「只要我有錢，一定就會成功」，這個想法很危險，也是錯誤的想法。創業失敗的機率很高，因為創業所需要的資源很多，錢只是必要條件，並不是充分條件，也不是創業最關鍵的東西。

　　特別是許多創業過程中所需要的無形資源，才更是創業成功的關鍵所在。在年輕朋友身上最珍貴的無形資源如企圖心、用心、創意等，加上創業者對台灣、甚至對全球人類作出貢獻的使命感，這才是創業最為關鍵的無形資源。

　　資金，往往只會提供給能創造價值且利益平衡的創業者，因此從王道精神來看創業，年輕人投入創業，就要透過創新來為社會創造新的價值，同時建構起利益平衡的機制，創業才會成功。

創業成功之路無法複製

　　我總是提醒年輕朋友，創業是要為社會創造價值，以此作為目標。如果年輕朋友把賺錢當作創業的目標，很容易會創業失敗。創業應該要先追求能夠為社會創造價值，一旦創造了價值，社會自然就會回饋名跟利。

　　而要創造價值，就必須以創新的方式才能成功，只要能找到對的模式，就可以一步步地慢慢把雪球滾大。所以說，創業之路與其靠政府、靠金主，最重要還是要靠自己。

　　尤其「創業成功之路並無法複製」，因為每個人創業有其當時的時空環境背景與各種條件，他人難以複製；但創業失敗的經驗則可以避免，這也是我為何總是透過寫書或演講，希望將自己的失敗經驗傳承下去，為的就是避免大家重蹈覆轍。

　　依我的觀察，一般創業的成功率只有一成到二成，就算是離成功已不遠的「獨角獸」，最後創業失敗的可能性也很高，因為「獨角獸」是在追逐未來的

夢，是用錢堆出來的，只有兩個地方能這樣做，就是美國與大陸。

因為美國與大陸的市場規模很大，只要投入的眾多案子中能有一個成功，就可以回收所有的投資，就像買獎券、中大獎，回收的倍數可能高達十倍、二十倍，所以投資人願意丟錢進去逐夢。不過一旦沒做好，創業失敗的機率也很高。

但在台灣投入創業，如果沒七、八成的成功把握，一般就不會投入，因為一旦成功回收只有二、三倍，回收就會相對有限。所以投資的案子必須成功率夠高，才能承擔投資的風險。

不冒險，才是最大的風險

此外，創業的過程雖然要步步為營，以免因決策錯誤造成無可彌補的損失，但創業本來就存在一些風險，為了找到新的機會進而創造新的價值，創業者還是要面對未知的風險，並建立承擔風險的能力。

　　因此，我還是鼓勵年輕朋友在創業的過程中，看到新的機會時，應該要勇於冒險，只要這個風險不至於致命。因為對年輕朋友來說，在冒險的過程中可以逐步累積能力，也有更豐富創業的經驗，畢竟創業的本質包含了冒險的精神，創業往往要去「走一條別人沒走過的路」。

　　所以投入創業，必要時還是要有冒險的精神，不能只安於現狀，不敢踏出去面對新的挑戰，因為有時不冒險反而會成為創業最大的風險。因為大環境不斷地在變化，競爭對手也在改變，如果創業者自己沒有掌握好市場或競爭者的改變，往往在創業過程中就會被淘汰。

　　不過在鼓勵年輕朋友勇於創業、勇於冒險之外，還必須提醒應具備一個很重要的觀念就是──「不打輸不起的仗」。雖然冒險可以讓創業者有機會找到新的創造價值的空間，但風險還是要管控，不能一旦失敗一次，就再也爬不起來，所以我說「不打輸不起的仗」，就算失敗，也還能夠重新蓄積能量及信心，下次再重新出發。

以王道精神創業

　　此外，我創業一路走來就是用「王道」思維的系統觀投入創業，雖然四十多年前，我創立宏碁時還沒使用「王道」這個名詞，但一路走來的歷程，我都是以王道精神投入創業。

　　所以我總是以此鼓勵勇於投入創業的朋友，唯有透過不斷創新創造價值，持續建構一個能共創價值且利益平衡的機制，才能達到永續經營的目標。

第五章

Stan 哥的創業心法

　　我經常鼓勵年輕朋友勇敢走上創業的路，實現自己的夢想。不過，很重要的是，年輕朋友決定走上創業之路前，就要有「對的思維」。

　　創業，是想為社會創造價值，如果不能為社會創造出新的價值，那為什麼需要多一家公司呢？尤其創業不能以賺錢為目標，而是一旦創業能對社會有所貢獻，社會自然就會回饋你名跟利，如果只以賺錢為目標，經營企業也往往會不得要領。

　　當年我走上創業路，實在是在意料之外，不過那段與創業夥伴攜手「從無到有」的創業歷程，至今我仍印象深刻，也是人生中感到最有成就感的過程。雖然如今我已從宏碁退休，不過我還是繼續投入創業，

> "
> 不能走 me too 為創新的方向，要透過差異性才能創造新價值，如果跟別人走相同的道路，那能創造的價值就很有限。
> "

尤其在退休後投入許多公益志業，樂在其中。

創業，為的是創造價值，藉由不斷創新為社會帶來改變。我也提供幾點建議給有心投入創業的年輕人，希望大家能少繳一點學費，少走一點冤枉路：

不斷創新

創業就是要不斷創新，透過創新找到創造價值的新模式，尤其所謂的創新不只是創造新的事物。我對創新的定義是「不僅有新的創意，還要有執行力，並且能創造價值。」

　　所以，我歸納出創新的三個要素：「價值」、「創意」、「執行」。創新首先要從創造價值出發，思考能否創造出新的價值；要創造新的價值，就需要有新的創意，找到新的方法，才能創造價值；而要將創意落實，就要考慮到可行性，自己有足夠的資源及能力，才能讓創意有效落實執行。

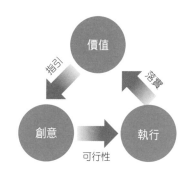

商業的創新＝具有新的創意加上執行力、並創造價值

▲ 創新的三要素

　　尤其不能走 me too 為創新的方向，要透過差異性才能創造新價值，如果跟別人走相同的道路，那能創造的價值就很有限。

在框框內創新

談創新，雖然有人認為最好不要有框框，才能海闊天空去發想，但與其跳出框框，我反而認為應該要「在框框內創新」。什麼是「框框」？就是要問問創新有沒有創造價值？創新能否有效落實？創新對長期營運是否造成包袱？

例如 1996 年宏碁推出 Aspire PC，深綠色的弧型電腦非常漂亮，美國媒體都認為它是「re-define PC」，完全突破既有 PC 的型態，叫好又叫座，也很受歡迎。但由於它的設計沒考量電腦零組件不斷翻新、形狀與顏色不是標準零組件、交貨時間較長，最後品質控制與庫存管理成為很大的包袱。雖然這個創新的產品很受到市場歡迎，最終仍以失敗收場。

談創新，雖然要「Out of box thinking」，但要「Thinking within the box」，問問有沒有價值？能不能執行？有沒有落實法遵？創新的人應該要先劃出框框再來創新，就像微積分，再小都是無限，只要仍在框框內，不要去限制怎麼想，否則創新可能無法創造

價值，或最終反而成為包袱。

　　因此，創新很重要的是要有紀律。但「創新」往往與「紀律」是衝突的，創業如何有效管理這兩難的情境，在兩難之間找到可以永續的平衡點，就是創業要面對的挑戰。

創新要由市場需求出發

　　很重要的一個思維是，創新要由市場需求出發，才能增加創業成功的可能性。

　　過去許多人創新的思維經常是「由左想右」（由微笑曲線來看，過去習慣在左端研發創新的技術後，就認為是右端市場所需要的新需求），缺乏「由右引左」（要先了解右端的市場，由終端使用者的需求出發，引導開發出市場真正需要的新技術）的思維。

　　多年來，我也在宏碁公司內部不斷與工程師溝通，創新的思維從原本最早以「技術為中心」

（Technology Centric），後來進展到以「顧客為中心」（Customer Centric）。如今我認為要以「用戶為中心」（User Centric），才能真正了解使用的消費者及市場需求。

因此，我們要先掌握市場、了解消費者的需求所在，才能進一步找到符合市場需求及消費者需求的創新，進而創造價值。

及早做、小小做

年輕朋友資源有限，投入創業一開始還需要摸索才能找到對的模式，因此很重要的是「及早做」，透過時間來累積經驗。此外就是「先小小做」，不要一開始就做大，因為有可能因不得要領而虛耗資源，也會打擊信心。要等到找到對的模式後，再慢慢擴大投入資源。

建立關鍵突圍的新核心能力

最後，面對未來的新挑戰，我認為創業者應該要具備關鍵突圍的新核心能力，如此才能面對創業過程中，許多突如其來的各種狀況，這些攸關未來能否創值的新核心能力包括：「系統觀的創新力」、「跨領域的整合力」、「問題根源的探索力」。

創業者要有系統觀，尤其要具備「生態的系統觀」，以整個生態系統的角度來投入創新。每個人除了自己所在的小系統之外，也被整合到更大的生態系統，可以說是整合者同時也扮演被整合者的角色，因此要具備系統觀，與所處生態中的大小系統一起共創價值。

尤其在產業系統的運作中，從端到端只要有一個環節沒做好，就不能體現價值，只有改善價值鏈中最弱的一環，才能讓整個系統有效運作，進而創造價值，而且透過創新有效地提升價值及效率。

其次由於社會日趨多元，創業要創造價值，往往需要藉由跨領域合作及整合，才能滿足市場的多元需

求。此外，創業者也應該培養自己探索問題根源的能力，才能洞悉問題，找到問題根源所在。

在創業的過程中，一定會遇到創業者過去沒遇過、沒想過的問題，但只要能在創業的過程中，逐步累積起這些新核心能力，我相信對於創業成功一定會有所助益。

▲ 關鍵突圍的核心能力

Creating Value
the Wangdao Way

第二部
王道創值心法

第六章

挑戰困難、突破瓶頸、創造價值

「挑戰困難、突破瓶頸、創造價值」是我的座右銘，我創業以來也都奉行這個理念。

人生要有意義，就在於能夠創造價值，對社會有所貢獻。而要創造價值，首先要能突破瓶頸，因為現存的瓶頸往往就是妨礙價值展現的所在。

我們要先了解的是，問題之所以成為瓶頸，必定有其突破困難之處，否則也輪不到你。若能挑戰困難，以熱誠、執著、務實的心態面對困難，一旦有所突破，自然可以為社會創造價值。所以我一路走來，總是在思考社會存在的瓶頸之處，如果能突破瓶頸，價值就自然能體現。

> 王道思維是一種利他主義，利己可以贏一時，但利他才可爭千秋，所以我說：「利他，是最好的利己」。

我也因此養成一個習慣，就是每天醒來，總是思考著社會還存在哪些問題等待被解決。如果社會上已經沒有困難的事需要去解決，那我就不想醒來了，因為活著就沒意義了。

反向思考，Me too is not my style

因此，要創造價值，就要不斷挑戰困難，這也是我的價值觀。但是在做法上，「要創造價值，就不能走跟別人一樣的路」，否則一方面會造成惡性競爭，另一方面能創造的價值也相對有限。

所以我的做法就是：「Me too is not my style.」
（跟隨非我風格）。我總是選擇一條與別人不同的
路，選擇走不「Me too」的路來創造價值。

我是用「反向思考」的模式來創造新的價值，因
為瓶頸一直存在，一定已經有許多人嘗試過解決的方
式，既然用一般的方式無法有效突破瓶頸，那我用反
向的思維，透過新的角度或新方法，也許反而有機會
突破瓶頸，進而找到一條有效創造價值的新路來。

我之所以習慣反向思考，重點在避免讓自己陷入
「Me too」的思維，但最終的做法與結果，往往不一
定與原本百分之百的反向，也許只是一些些的調整或
差異，但結果就可能有很大的不同，就能創造出新的
價值。

突破傳統文化瓶頸創造價值

組織文化會形塑我們的價值觀，進而影響創造價
值的能力。

社會中存在許多傳統的文化，當年宏碁創業時，也面臨包括「一盤散沙、師傅留一手、中央集權、家天下」等傳統文化的影響，這些傳統文化一旦成為組織文化，就會不利於組織創造價值。

為了不受到這些傳統文化的影響，我提出「利益共同體、不留一手、分散式管理、傳賢不傳子」等價值觀，讓宏碁的組織文化走出一條不同的路，一條相對能夠有效創造價值的路。這樣的價值觀，也要讓所有的同仁能夠了解，並透過領導人由上而下潛移默化，影響全體同仁。

又如宏碁當年提出「微處理器的園丁」、「不作歷史罪人」等等使命，在當時的現實客觀環境下，很容易就打動員工，建立起大家的共同使命感。

最重要的就是領導人有責任，讓這些使命感成為共識，由上而下，變成大多數人想的、講的、做的都一致，建立起企業的文化。

在集團內，大家的企業文化是一致的，但因為宏碁是「分散式管理」，所以我也尊重每個單位領導人

自己的風格，在共同的基本信念下，因個人風格不同，詮釋上可以有所不同，反而這種分散式管理讓宏碁的企業文化更為有效，而不是權威式的中央一言堂在洗腦。

公司的基本信念，雖然有其理想性，但還是要落實到基層員工，讓同仁認同公司信念，而不是只有口號，只用講的。

以宏碁1984年的「318事件」事件為例，當年宏碁在新竹科學園區園區的IC遭竊，損失約4,000萬元，當時刑事單位與媒體都認為是內賊所為。雖然外界懷疑我們的員工，但我還是堅持「「人性本善」，並公開對外界宣布「宏碁人性本善的企業文化不變」。這個宣布當時感動許多基層的作業員，讓他們對公司更有向心力。事實也證明，這個事件非宏碁員工所為，破案時，許多員工都高興到流淚。

組織文化，就是在公司碰到挫折或面臨挑戰時，還能夠堅持下去、最終留下的，才會形塑成企業的組織文化。

落實王道文化在企業的日常經營中

而如何才能將王道文化落實在企業的日常經營中？關鍵就是領導人要由上而下以身作則，包括心裡想的、嘴巴講的、實際做的行為，都要從王道的精神出發，言行合一，長久下來王道才會形成企業文化的基本信念與價值觀，進而形成企業的組織文化。

此外，也要配合企業相關的獎懲、升遷等機制，如此才能將王道有效落實在企業的日常經營之中。

挑戰一般人性盲點

而為了創造價值，我奉行的思維包括「反向思考」、「享受大權旁落」、「認輸才會贏」、「要命不要面子」、「利他是最好的利己」。

一般人如果正向思考，還是找不到解決方案時，用反向思考可能可以突破盲點，找到問題的出路。又一般人可能握住權力不放，但不見得能為組織創造價

值，這時如果能適時釋放權力給他人，自己或許大權旁落，但這個安排卻可能更能替組織創造價值。

有的人一輩子不認輸，最後因此讓企業不得不結束營運，倒不如在該認輸時就認輸，重新出發，為企業找到對的出路。只不過有的人是為了面子不要命（指企業的存活），我則是「要命不要面子」，該認輸就認輸，承認自己的錯誤與失敗，反而能帶領企業再造，重新出發。

「利他」才是永續的「利己」

最後要強調，王道思維是一種利他主義，利己可以贏一時，但利他才可爭千秋，所以我說：「利他，是最好的利己」。

其實我也會為自己追求名利，所謂「人不為己，天誅地滅」。只不過我與一般人不同的是，在手段與方法上有很大的差異。為了追求名利，我最終體悟到「要利己的最好方式，反而是透過利他」這個道理。

　　一般人追求成功，往往是從「利己」的角度出發，但結果常是事與願違，愈是汲汲營營追求名利，結果卻與名利愈離愈遠。若能反向思考，從「利他」為出發點，反而更能接近目標。只有從「利他」的角度出發，別人得到好處後，會再回饋給自己，結果自己反而可以得到最多。這樣的合作生態互利互惠，不僅對自己最好，也最能夠永續。

第七章
建構利益平衡的新機制

從王道的思維來看，企業組織除了首重「共創價值」之外，其次最為重要的就是要建構一個「利益平衡」的新機制。因為社會價值是由所有利益相關者共同創造，透過利益平衡的機制，才有誘因讓志同道合的一群人為共同的目標攜手合作。

平衡是「相對」的平衡、「動態」的平衡

談到利益平衡中所謂的「平衡」，我們要瞭解的是並沒有「絕對」的平衡，只有「相對」的平衡，這是王道思維中很重要的一個觀念。

"

經營企業不只是要照顧股東,也要同時兼顧所有利益相關者的利益,如此才能永續。

"

　　一個人如果只由利己的立場出發,往往追求絕對的平衡,但這是追求不到也無法實現的平衡。對於平衡,我們應該由相對的角度出發,看待平衡應由生態系統的整體平衡來看,才能創造更大的價值。

　　所謂的「相對」是指跟自己比(例如比自己以往的情況好,所以感到平衡),或跟別人比(例如相對於別人的付出,自己付出多而得到較多,所以感到平衡),或是在不同的生態平台中相互比較(例如選擇參與 Intel 平台或 ARM 平台,看參與哪個生態平台,會感到較為平衡)。

　　此外,利益平衡是一種「動態」的平衡,隨著時間與狀況的不同,平衡的機制也需要隨時加以調整。

　　我要強調「動態平衡」的重要性，社會的發展是動態的，因此我們所處的生態也會由原來的平衡發展到不平衡，而不平衡就是社會進步的動力，資源的投入也要與時俱進，隨著時間作必要調整，才能保持平衡的狀態。

所有相關者的利益平衡

　　從王道的精神來看，就是要關懷「天下蒼生」，也就是利益相關者。這裡所談的利益相關者包含了客戶、員工、股東、供應商、經銷商、銀行等等，甚至還包含社會、環境等各種有無生命的利益相關者，談王道就是要照顧所有的利益關係人（stakeholders）。

　　尤其，雖然社會和環境不會說話，但它們都是整個生態重要的利益相關者，也是社會的一環，所以經營企業不只是要照顧股東，也要同時兼顧所有利益相關者的利益，如此才能永續。

　　當前大環境面臨許多新的挑戰，企業只有從王道

出發，透過不斷創造價值，且兼顧所有利益相關者的
利益平衡，方能達到永續經營的目標。且這裡所談的
價值是「六面向價值」，在「有形、直接、現在」的
「顯性價值」外，更要重視「無形、間接、未來」的
「隱性價值」。

　　此外，一件事情是由所有的利益相關者共同參
與、承擔風險，但彼此的貢獻度並不相同，有高有
低。且利益平衡並不是絕對的，而是相對的、動態
的，會隨時空背景條件不同而改變，對於承擔風險高
的人、貢獻度高的人就相對要多分到一些，如此才能
達到真正的利益平衡。

　　一旦利益不能平衡，利益相關者就會因為沒有誘
因而無法共創價值，尤其人們往往以自己的利益為優
先，如此就會不平衡，浪費資源在爭取自身利益。

宏碁 123

　　以宏碁的實際案例來看，為了平衡照顧所有的利

益相關者，在經營宏碁的企業文化中，有所謂的「宏碁 123」，也就是我經營宏碁的原則是以「客戶第一、員工第二、股東第三」。

以客戶為第一，是在公司的企業文化中以「客戶」為中心，所有的創新都必須能為客戶的需求創造價值，滿足客戶的需求。其次，要照顧好員工，因為人才就是企業最寶貴的資產。最後，才是股東，因為一旦照顧好客戶與員工，企業經營自然就會展現績效，股東就會受益。

王道與台灣新年音樂會

又如我與灣聲樂團共同發起的《臺灣的聲音 新年音樂會》，從 2019 年至今已舉辦三屆，其願景目標就是希望二十年後能與西方維也納新年音樂會齊名，在東、西方分別對世界作出具體貢獻。

身為音樂會的共同製作人之一，雖然我是「菜鳥製作人」（第一次參與製作音樂會），但因為我長期

推廣王道理念，和一般製作人的思維不同，所以我會以所有利益相關者的立場來思考，給自己的定位是「王道製作人」。

我特別從王道精神出發，希望大家共創價值並且利益平衡，大家「共創」新年音樂會的美好體驗，希望音樂會的觀眾多且滿意、贊助商覺得有價值，演出及演奏的音樂家們以及製作、轉播單位的工作同仁都有成就感，讓所有參與的利益相關者都能感動，大家共同完成一場不一樣 Class 的新年音樂會，用音樂傳承文化。

實踐王道社會主義的理想

身為企業領導者要具備王道思維，且王道思維要「由內而外」，發自內心的認同，進而影響行為並建立起新機制，才能有利企業的永續發展。

美國在西方資本主義的影響下，過去只重視股東（shareholders）的最大權益，慣於霸道行事，追求

「贏者全拿」，因此產生了弊端與盲點，後來轉為必須兼顧所有利益關係人的價值，並進而要求重視環保及企業社會責任，才開始較符合王道精神，但這只是一種「由外而內」的要求。

不過在現實世界中，目前實行共產主義與資本主義的社會運作都已出現盲點。事實上，共產主義因無法共創價值，缺乏誘因，在創造價值方面已證實不可行。而資本主義雖然能創造價值，但造成貧富不均及贏者全拿的問題，這也是資本主義的盲點。

因應共產主義與資本主義運作的盲點，我也特別提出「王道社會主義」，希望更能實踐社會主義的理想目標。

王道社會主義的精神在「共創價值」，但為了讓所有利益相關者感受到利益平衡，決策時就不是以一人一票的思維，而是要考慮不同「權重」的思維。就如同在企業中，企業內的民主決策也有權重的思維，投入多的人股權高，所承擔的風險也較多，所以決策時就採取有權重的民主。

王道思維可以突破資本主義盲點，同時也解決過去透過共產主義手段無法創造社會價值的機制，王道思維是「由內而外」追求與所有利益相關者「共存共榮」，朝王道社會主義的理想邁進，讓儒家思想再次受到重視，並對人類文明發展作出貢獻。

第八章

傳承為永續

　　我是企業第一代的創業者，在 1976 年創立宏碁，而且在四十多歲時，就決定要在六十歲退休，退休後將公司交棒給專業經理人接手，因此我很關心企業傳承的問題，也很早開始安排接班傳承的工作。

　　而「傳承」是領導人最重要的責任之一，包括接班人的培養及歷練等，都要有充分的時間來安排，才能交棒交得順利。

　　很重要的是，「傳承」也是為了企業的永續，個人的生命有限，唯有透過傳承，一棒交一棒才能生生不息。

> "「交棒」像是接力賽跑，接棒期就如同在接力賽的接棒區，要作好準備才能確保不會掉棒。"

企業傳承：所有權與經營權分開思考

對於傳承的思維，可以分為「所有權」與「經營權」兩個層面來談。「所有權」就依法律代代傳承；「經營權」則要作好傳承工作，所有權才會有價值，否則經營權交棒沒交好，一旦對企業經營造成影響，連帶就會影響企業本身的價值。

從企業經營權傳承的角度來看，我從第一天創業開始，就扮演專業經理人的角色，和公司所有的利益相關者一起為社會創造價值，一路走來創造出許多有形的資產及無形的價值。

　　要交棒時，領導人的責任之一就是要替公司找到能繼續帶領公司有效經營的專業經理人，而經營要有效，關鍵就在接班人能不改創業初衷，傳承創業初期的理念及價值觀，就是王道的核心精神之所在：「創造價值、利益平衡」。

無形理念與價值觀的傳承更為重要

　　企業的傳承包括有形的資產與無形的資產，當年我由宏碁退休時，我認為，我所傳承最為寶貴的東西不在有形的資產，反而是無形理念與價值觀的傳承，這對企業來說更為重要。因為無形的價值觀往往比有形的東西能創造更大的價值，也會對未來企業的經營發揮更大的影響力。

　　領導人交棒時，也要以共同的理念及價值觀來找到傳承的專業經理人，所傳承的不只是看得見的有形資產，更重要的是無形的理念、價值及企業形象，還有人脈，這些都是企業重要的無形資產。

傳承要及早規劃，確保不掉棒

　　很多企業第一代的創辦人因為「放不下」，未能及早規劃安排傳承的工作，反而到了不得不交棒時，造成混亂。其實大家心裡都明白，遲早都需要放手，因此關鍵在「如何能安心交棒？」我的做法就是「及早漸放，邊放邊傳」。

　　早一點開始做交棒的準備很重要。我形容交棒像是接力賽跑，接棒期就如同在接力賽的接棒區，要作好準備才能確保不會掉棒。

　　為了讓接班人有足夠的時間歷練，把棒子接好，在大企業自然就需要有較長的時間，一般中小企業至少也要在交棒的三、五年前開始準備，以培養接班默契。然後在交棒的這段期間，一邊將經驗傳承給接班人，同時也逐漸將公司重要的決策授權交給接班人做決定，幫助他累積經驗，慢慢接手公司的決策。

接班人當家做主

當年我由宏碁集團退休時，考量到集團事業版圖的差異性，不可能全交給一個人接班，會罩不住，只有一人接班，其他人才也會流失。因此我把集團分成三個事業版圖交給三個人接班—— ABW 家族（宏碁 Acer、明基友達 BenQ、緯創 Wistron），每家都有 200 億美元以上的營運規模。

在 ABW 家族交棒給專業經理人後，我與施太太也責成他們，接棒後要把公司當成自己的公司來經營，由他們真正當家，而不只是在打工，如此才會有歸屬感。

所有權人在交棒後，也要全力支持接班人，不能干擾接班人的經營。所謂「不在其位、不謀其政」，全力支持新董事長與 CEO，讓他們當家做主，他們才會有成就感。如果交棒後還插手太多，會影響專業經理人心態，認為自己只是打工仔，沒法充分發揮。

ABW 企業家族的傳承，多年來一直不斷進行，除了宏碁母公司之外，其他交棒還算順利，接班人都

維持創業時的理念及價值觀來營運。

　　而宏碁當初因接班的專業經理人受到西方資本主義的影響較深，只追求短期利益，雖然短期績效佳，但最終因產業環境變化，經營出現問題，因此我不得不在 2013 年 11 月回去宏碁短暫接下 210 天董事長的職務，與公司的新接班人一起將公司的組織文化導回王道文化，如此企業才能永續。

王道領導人

　　也有很多人關心，該如何尋找具有王道思維的領導人來作為接班人？王道領導人必須具備哪些特質？

　　我認為，一個具備王道思維的領導人，應該要有使命感與責任感，能不斷地為社會創造價值。此外要有開放的心胸，能夠集思廣益，並且不斷的學習。

　　因為要不斷挑戰困難、突破瓶頸，才能不斷創造價值。在面對未來的新挑戰時，很多時候要在新的領

域不斷地學習，並把整個組織的力量凝聚起來，需要領導人有改變世界的熱忱。

此外，很重要的一點，就是領導人要有很強的溝通能力，不斷與團隊溝通，形成共識，帶領團隊往未來的方向攜手前進，大家才能一起共創價值。

也因此，具備王道思維的領導人，也要不斷的培養人才，建構好的舞台，讓人才能夠成長，潛力能夠發揮，這是非常重要的。因為能夠創造價值，創造最大的機會、最大的空間，才能培養人才，也才能讓人才潛力得以發揮，所以領導人一定要非常重視人才。

另外一個就是領導人要有遠見。未來哪裡有價值，未來哪一些能力能夠創造價值，領導人一定要有先見之明，然後提供環境，不斷激發整個組織往更高附加價值的方向前進，同時建構一個大家可以共創價值的新舞台。

領導人帶領大家都是用價值觀在推動，因此領導人的價值觀，是他心裡怎麼想，除了透過嘴巴不斷地講，進行溝通外，更重要的是行動。領導人的一言一

行都要以身作則，長期下來才會形塑出組織的價值觀
與企業文化，並讓企業上下一同為共創價值而努力。

第九章
變革創值

2010 年後，由於客觀環境的改變，PC 產業被智慧型手機及平板電腦等其他行動裝置所取代，成長趨緩，加上 Apple 系列產品掀起一股新浪潮，對固守 PC 領域的宏碁帶來衝擊，加上當時的經營團隊沿用舊的模式經營，沒有積極變革轉型，因此經營得十分辛苦。

沒有永遠的勝利方程式

任何一個產業的勝利方程式都有其時效性，對 ICT（Information and Communication Technology，

資訊與通信科技）來說，十年已經很長了，所以每十
年都要再造一次，重新尋找致勝的策略。當大勢已改
變，即便是世界最強大的公司也沒辦法逆勢操作。

　　所以當時我就呼籲，宏碁要趕緊找到新的勝利方
程式，才能繼續創造價值。而要尋找新的勝利方程式
最重要的，就是要「改變舊思維、啟動變革轉型」，
同時因應產業趨勢與市場需求，建立新核心能力，才
能因應大環境的改變。

　　不過當時蘭奇（時任宏碁執行長）還是用傳統
PC 在市場塞貨的模式經營，將 PC 塞到通路端，這
在市場持續成長時有效，但當市場開始萎縮，塞貨就
變成庫存壓力和跌價損失。過去 PC 市場每年成長，

後來被 iPad/iPhone 取代後，PC 市場萎縮，塞貨更造成公司經營虧損，也表示原本的經營模式有問題。

因此 2013 年 11 月我回到宏碁啟動三造變革，公司調整經營模式、改變做法，不追求營收規模，有獲利的訂單保留，沒獲利的訂單放棄，雖然營業額因此大幅下降，但公司有利潤，不失血才能持續經營。另一方面，公司也積極拓展利潤較高的新核心事業產品，如電競 PC、 ConceptD 創系列產品等。

此外，公司也尋求新的願景，轉型成為「硬體＋軟體＋服務」的公司，重新建立核心能力，本業雖然經營得很辛苦，還是要挪出些資源來發展新事業。

企業變革轉型，就像是重新創業，再度走上從 0 到 1 的過程，如果沒有用創業的思維來探索新方向，往往會不得要領。

推動變革，首重溝通：「5C 決策原則」

從王道來看，每次的變革都是因為原本的模式創

造價值的能力開始受限，因此需要調整未來能創造價值的新方向，其次就是建立利益平衡的新機制。王道就是談創造價值與利益平衡。

變革轉型時，思維要先翻轉，其次機制也要翻轉，行為方能落實。至於推動變革的步驟，「塑文化、擬願景、定策略、調組織、採取行動」這五大步驟要不斷周而復始，且環環相扣。

尤其在推動變革的過程中，溝通非常重要，不論是塑造新願景或規劃新策略，都要形成共識。

溝通要由上而下，先與變革相關的主管一起集思廣益並充分溝通，在主管達成共識後，接著對基層員工溝通。基層的員工都在看公司想如何變革，甚至心態上會抗拒變革。

我啟動宏碁三造後，提出所謂的「5C 決策原則」就是：「Communication（溝通）、Communication（溝通）、Communication（溝通）、Consensus（共識）、Commitment（承諾）」。因為溝通十分重要，所以要特別講三次。

　　後來我又提出要「三C而後行」，這與我們文化中的三「思」而後行，有異曲同工之妙，就是希望凡事在展開行動之前，要先與自己或他人溝通後再來推動，除了表示慎重，也是希望先在企業內部凝聚共識後再推動。

　　推動變革一定要與全體同仁不斷溝通，讓大家體會到公司已到不得不變的關鍵時刻，而且在溝通達成共識後，希望大家有所承諾，如果有好的辦法就提出來，如果沒有其他更好的辦法，那現有的共識就是現階段最好的辦法，大家要一起去落實執行。

推動變革「不換腦袋就換人」

　　推動轉型變革的阻礙，往往來自既得利益者，他們待在舒適圈，對變革沒信心也沒誘因。但未來和以前完全不同，舊方法已不可行，要說服溝通。

　　如果舊方法已不可行，我推動變革的做法是「不換腦袋就換人」，面對未來一定要換腦袋，如果做不

到就只好換人。因為守成必敗，未來完全不同。

　　由於台灣人才相對有限，我推動變革多是「換腦袋」，這是變革重要的功夫，在美國由於人才多，美國企業多半選擇直接換人，因為過去成功的思維往往已成形，要換腦袋並不容易，所以選擇換了人，腦袋（思維）就換了。

　　此外，變革的成果也要與同仁充分溝通，因為變革很多是發生在水面下，要等到變革成效體現在財務報表上往往要半年或更久，規模較大的企業甚至要三至五年才能初見成效。

　　因此，在變革成效反映到財報之前，如機種減少多少、庫存減少多少、省多少錢，以及精簡人事使當期資遣費提高，但日後可以省多少錢等等，每個月都要向員工面對面或書面說明進度，這是在變革過程中，由一個個小成功的累積來取得大家的信心，信心管理很重要。

　　還有很重要的是，在變革轉型的過程中，一方面要「氣長」，只要資源不隨便消耗，能有效利用，氣

就會長；其次是要有「信心」，在變革過程中找到能夠「速贏」（quick win）的項目，規模不見得大，但能提升大家的信心，確認變革走在對的方向。

以宏碁為例，宏碁虧損最多的地方是來自庫存，主要是因為機種太多，因此需要簡化。而之所以會造成機海（機種太多）的問題，往往是看到競爭對手有，或是客戶有需求，業務就希望也要有，自然而然機種太多，造成庫存。因此每次變革目標都是機種先砍半，也許實際上可能只會達成 30% 的目標，重點是要有決心推動。

宏碁在 2000 年變革時，還推動了「簡化總動員」，讓各部門一起推動各種簡化工作，提供獎金鼓勵員工，並在經營管理會議上頒獎，在過程中逐步建立大家的信心。

變革轉型猶如大船轉向

我也經常提醒大家，推動變革轉型猶如大船轉

向，轉向時如果轉得太快就會翻船，但轉得太慢又會失去動力，到時會轉不過去，因此太快或太慢都不行，對掌舵者會是很大的挑戰。掌舵者在轉向的過程中，一定要穩住方向，穩住大家的信心。

尤其變革是為了要面對未來，因此每次變革都需要配合發展的新方向，重建新核心能力，要捨得丟棄原本已沒有競爭力的舊包袱，否則會拖住未來；此外還要用時間來累積新核心能力，才能建立起公司的新競爭力，繼續創造價值。

第十章

王道算總帳

　　領導人的角色不同於一般員工，身為領導人要有視野，要能看見別人看不見的隱性價值，而不能只有一般見識。

　　由於人性的關係，大家總是習慣看得見的「有形、直接、現在」的顯性價值，較容易忽略看不見的「無形、間接、未來」的隱性價值，不只企業績效管理的 KPI 評估制度偏重顯性價值，就連現行的會計制度也不例外。

> 一家企業真正的價值，一定要納入「無形、間接、未來（長期）」的隱性價值，才能「算總帳」，展現出企業真正的價值所在。

IFRS 是「錦上添花」、「落井下石」

目前新的國際財務報告準則（International Financial Reporting Standards, IFRS），是由投資人的角度面對各行各業，所表現出來看得見的、具體的會計數字，以作為投資參考。

原本會計報表是反映一個點（如資產負債表就是年度最後一天的資產負債）或一段期間（如每年 1 月 1 日至 12 月 31 日的損益表），所評估的都是以「有形的」為主。但對無形的東西，則以保守原則來處理，例如研究發展費用都在當期提列，當併購公司買下技術、業務及品牌時，就變成公司的無形資產。

在還沒有實施 IFRS 制度之前，併購企業後會創造新的營收及利潤，同時因併購溢價也會產生成本，這些溢價成本在原本的會計制度中是採用分年提撥。

但當導入 IFRS 制度後，併購的資產就直接放在無形資產，每年都要重新評估資產是否值得帳面上的價值，如果評估還有正面的價值，就不能提存打銷；如果評估未來沒法再創造價值，相對就要一次打銷。

因此當企業營運向上走時，從 IFRS 制度來評價會造成「錦上添花」的效應，但當企業營運往下走時，就會因為要一次打銷造成「落井下石」的結果。

我覺得 IFRS 會計制度在思考上較不符王道精神，因為較欠缺考慮到無形、間接、未來的思維，對於無形資產的評估較屬於「錦上添花」及「落井下石」。

市場的變化十分快速，尤其高科技產業更是如此，有時在併購時還有創造利潤，但在當時多賺的錢沒法未雨綢繆先提撥來作為日後的存糧，這樣的機制也讓宏碁在 2010 年後一直造成問題，因為市場發生

變化，讓原本有價值的資產變得沒價值，一次就要
ride off（退場）。

推廣「王道經營會計學」

因此，我與台灣大學會計系劉順仁教授認為應該
要改變這個現象，雖然還是以 IFRS 為標準，但要融
入「王道經營會計學」的理念與精神，採用「備註」
的方式在財務報表中補充說明，同時建立「王道價值
報表」來評估隱性價值，企業應擬定組織內部自己的
評估準則，持續長期且定期（每季或每年）編列，作
為公司內部經營的重要參考。

實際上，看財務報表的備註是很重要的。備註中
有很多補充說明，可把王道的隱性價值作適當評估。

那要如何來評估隱性價值呢？由於不同產業有不
同標準，所以可以和同業比較或和自己前後比較，長
期下來就能看出對隱性價值的投資是否具有效益。我

也相信企業只要長期持續投資在隱性價值，最後一定
會反映到所創造的顯性價值上。

IFRS 對永續經營的缺失

舉例來說，在技術項目的投資，可以分十年、
二十年來提撥，也可以分五年來提撥。公司賺了錢，
站在員工的立場，希望不要提撥太多，這樣當年度賺
多一點，分紅也多一點；站在股東的立場，獲利高一
點，股價也會高一點；站在政府立場，公司賺多一
點，稅也可以課多一點。所以 IFRS 國際財務報告準
則可以說是對大家都有好處，但卻對企業的永續經營
不利。

企業的永續經營要由誰來照顧？這是王道所要去
思考的，IFRS 的會計制度並沒有照顧到這方面。

我提出的「六面向價值總帳論」，長期以來鼓勵
大家要以王道思維，從六面向來算總帳。一直以來會
計報表體現的都是偏向「有形、直接、現在（短

期）」的具體數字，但一家企業真正的價值，一定還要納入「無形、間接、未來（長期）」的隱性價值，才能「算總帳」，展現出企業真正的價值所在。

宏碁對台灣最大的價值在對社會的貢獻

從王道來算總帳，我常說，宏碁對台灣最大的價值並不在於賺了多少錢，而是為台灣培育了多少人才，以及在國際上所建立的 Acer 品牌形象，對台灣社會及產業所作出的貢獻。

如果只從「有形、直接、現在」的顯性價值來看，宏碁一定不是賺最多錢的企業，但從六面向總價值來看，宏碁在「無形、間接、未來」的隱性價值方面，不僅為台灣社會培育許多人才，更打造了一個讓人才可以發揮的舞台，帶給年輕人信心和希望。

宏碁一路走來，不僅是培育台灣高科技產業人才的搖籃，在 ICT 與半導體領域的許多領導企業也都因為合併宏碁相關企業，而有宏碁的 DNA 在其中，

包括台積電（合併德碁）、聯發科（合併揚智）、鴻海（合併國碁）、大聯大（合併建智）等國際化企業。雖然這些被合併的公司名字不再，但宏碁 DNA 卻融入合併他們的企業中，繼續共創價值，繼續發揮王道影響力。

換言之，宏碁的王道文化除了透過宏碁事業經營的國際化過程，將王道理念國際化，也同時透過這些具有宏碁 DNA 的國際化企業，將王道文化進一步延伸到更多不同領域，來提升王道思維的影響力。

此外，Acer 在國際上所建立的品牌形象，不僅有利提升台灣的整體形象，也有助於其他台灣科技業者進軍國際市場，這也是宏碁對產業所做的無形貢獻。這些才是宏碁存在最珍貴的價值所在，也是王道精神所追求的目標。

Wangdao's
New Industry
Ecosystem

第三部
王道產業新生態

第十一章

新微笑曲線跨域整合

我在 1992 年提出「微笑曲線」，當時宏碁正進行第一次的再造。

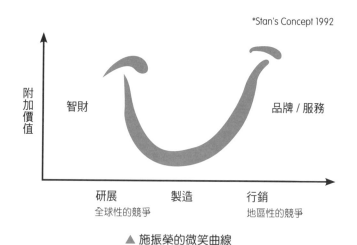

*Stan's Concept 1992

附加價值

智財　　　　　　　　　　　　　　品牌 / 服務

研展　　　　　製造　　　　　行銷
全球性的競爭　　　　　　　　地區性的競爭

▲ 施振榮的微笑曲線

> 要在新經濟時代創造更高的附加價值，需要有多維的思考，「新微笑曲線」強調跨領域整合，才能創造新的體驗並共享資源。

　　所謂的「微笑曲線」，簡單來說就是一條說明產業附加價值的曲線。從橫軸（X軸）來看，由左至右代表產業的上中下游，左邊是研展，中間是製造，右邊是行銷；縱軸（Y軸）則代表附加價值的高低。

　　以市場競爭型態來說，曲線左邊的研展是全球性的競爭，右邊的行銷是地區性的競爭。當面對全球性的競爭時，技術一定要是全球最佳的技術之一，否則就會沒有競爭力；至於品牌行銷面對地區性的競爭，就要借重當地化的行銷管理能力，才能有效經營。

從「微笑曲線」看附加價值分布

透過「微笑曲線」可了解附加價值分布在何處。以個人電腦產業來看，最左邊是零組件，包括軟體的作業系統、CPU、記憶體、主機板等，中間是組裝成個人電腦，右邊是運籌到行銷、服務、品牌等。

當時從宏碁出去創業的精英、華碩及其他的主機板業者，讓全世界有興趣做桌上型電腦的小型公司可以把客廳變工廠，開始經營「白牌電腦」的生意，讓原本桌上型電腦品牌業者感受到很大的經營壓力，因為品牌業者的電腦價格相對較高，技術也落後白牌電腦業者。

這是因為白牌電腦業者的主機板都是拿台灣最新技術的主機板，搭空運到海外就地組裝成桌上型電腦；而品牌業者的桌上型電腦則是海運完成品到國外市場，在海上飄了一、二個月才到，導致白牌電腦在技術與價格上相對具有優勢，加上服務及品質都不差，很快就打下半邊天，讓品牌業者在桌上型電腦市場節節敗退。

我當時想到，要利用速食式（Fast Food）的產銷模式，在市場所在地裝配電腦，為此就必須把宏碁在新竹科學園區的裝配線移到海外。

但把工作及生產線移到海外，會造成產業空洞化，這是政治問題。為了說服同仁，所以特別畫了這條微笑曲線，並告訴大家希望公司在科學園區的作業人員從中間附加價值較低的裝配工作，移到左邊生產主機板及右邊運籌服務等具有更高附加價值的領域。

與同仁溝通後，當時擔任公司副總的林憲銘（現為緯創資通董事長）就笑說，「這條線不就像是一條微笑曲線？」於是後來就以「微笑曲線」來命名。

從「微笑曲線」看台灣產業

如果從微笑曲線來看台灣產業的發展現況，台灣在左邊的研展能力已比過往進步很多，相對具競爭力，但在右邊的品牌行銷能力尚不盡理想，還要再花很多功夫，直至目前為止，台灣能在國際上把品牌行

銷做好的產業還不是很多。

　　宏碁努力發展品牌經營四十多年，現在有三分之二的員工都是外國人，以經營右邊的品牌行銷為主，由台灣外派到宏碁海外據點的人員是寥寥可數，算是非常國際化的公司。

　　因此，宏碁的品牌經營為了面向地區性的競爭，由在地經理人來經營，甚至早年還讓在地的合作夥伴股權過半，以及在地上市等等，都是為了做到在地化的目標。宏碁現在最值錢的就是品牌，以及在全球建立的行銷通路及服務機制。

　　從微笑曲線來看不同領域的產業發展，也發現幾乎在成熟的產業，慢慢都會出現微笑曲線的型態。而在我提出微笑曲線後，迴響廣泛，大陸的經濟學者吳敬連也鼓吹大陸的產業發展策略要往微笑曲線的兩端發展，不要只以代工及加工製造為主。歐美的管理學院學者也很認同微笑曲線的概念。

　　只是有很多人誤解「微笑曲線」是要放棄製造，其實我從沒說要放棄製造。儘管製造的附加價值相對

較低，但對台灣來說，製造的規模相對大，累積起來仍具效益，而且許多業者已經把微笑曲線左端的研展能力整合進來，發展成為 ODM （Original Design Manufacturer），進一步提升其附加價值。

「新微笑曲線」跨域整合

微笑曲線從 1992 年提出至今，經過二十多個年頭，大環境已走到新經濟時代。我也在 2017 年提出要以「新微笑曲線」迎新經濟思維與發展，並在 2019 年畫出圖示「新微笑曲線」。

「微笑曲線」與「新微笑曲線」的最大差異，就是以前是二維的思維，但面對未來，要在新經濟時代創造更高的附加價值，需要有多維的思考。

所以我在 2019 年 2 月宏碁新春團拜活動時，特別對外界提出「新微笑曲線六維觀」，以 X（上中下游）、Y（附加價值）、Z（領域別）三軸，再加上

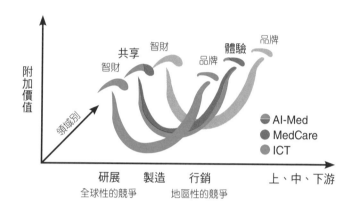

▲ 新微笑曲線

要考量「時間軸、有無形軸、直間接軸」畫出「新微笑曲線」。

不同產業領域都有各自的「微笑曲線」可以詮釋其附加價值所在，而「新微笑曲線」強調藉由跨領域整合，才能在新經濟中創造新的體驗並共享資源，如此才能創造新價值，這也是台灣未來轉型升級，提升附加價值的關鍵所在。

舉例來說，圖示中藍色的線是 ICT 產業的「微笑曲線」；灰色的線是醫療產業的「微笑曲線」，中

間那條就是跨領域整合的「新微笑曲線」，左端的「共享」指的是 Know-how 的共享，雙方貢獻各半，中間要借重 ICT 平台大量複製並降低成本，右端則透過醫療人員讓病人有好的體驗，醫界貢獻較高。

　　台灣的 ICT 和醫療兩大優勢產業，未來在智慧醫療的發展趨勢下，透過跨域整合，有機會追求世界第一，對全人類提供更優質且更好的醫療服務，作出更大貢獻。

　　面對未來，台灣要轉型升級就要進行跨領域整合，才能創造以用戶為中心的新價值，藉由共享資源攜手共創有形與無形的效益，落實在共享經濟與體驗經濟，這就「新微笑曲線」的精神所在。

第十二章

追求共存共榮的
王道生態

　　所謂的「王」者，從字義上來看可說是大大小小組織的領導人。而為王之道，就要關懷「天下蒼生」。

　　這裡所指的天下蒼生是有範圍的，企業在自己所選定的範圍內，照顧其顧客、員工、股東、供應商、經銷商、銀行及社會、自然環境等利益相關者（Stakeholders）的利益，並且要兼顧所有利益相關者的平衡。

　　未來產業的發展，面對的將是平台的競爭，只靠單打獨鬥難以勝出，必須靠所有的利益相關者一起打群架，才有勝出的機會。

"
張忠謀先生的經營信念充分反映了王道精神，與客戶沒有利益衝突，並建立長期信任的關係，可謂是王道領導哲學的最佳範例。
"

　　尤其是價值的創造需要有很多利益相關者來共同努力，因此要思考如何不斷創新以創造價值，同時建構一個所有利益相關者可以共創價值的機制。而且，要確保利益平衡，才能建構一個所有參與者能相互信任的合作機制與平台，這就是王道精神之所在。

「共存共榮」非「贏者全拿」

　　而要建構一個王道產業新生態，背後很重要的思維是以東方文化中的「共存共榮」為目標，而非走向西方文化的「贏者全拿」，如此產業生態的發展才會

較為平衡，方能永續。

舉一個具體案例，在個人電腦產業的生態中，WinTel（由微軟與英特爾主導的生態平台）贏者全拿，兩家業者取得了整個產業絕大部分的利益，但長此以往不可能永續，也因此後來由 Google 主導的 Android 生態平台與其競爭。

此外，Intel x86 過去在 PC 市場可以取得主導地位，但由於整個產業生態的利益不平衡，最後在新崛起的智慧型手機市場，Intel 就掌握不到這個更普及且量更大的機會，被其他更王道、利益分配較平衡且追求共存共榮的 ARM 生態平台所取代。

以 ARM CPU 所影響的生態，在未來一、二十年之後，ARM 生態平台可能會遠大於 Inter x86 的生態平台。在我看來，ARM 的機制相對就是採取共存共榮，與其合作的利益相關者眾多，跟台積電、IC 設計公司、系統公司都有合作，產生一個大家利益平衡且有利可圖的新生態，唯有王道的思維才能永續發展下去。

如果沒有共存共榮的王道思維，雖然可能在產業稱霸十年、二十年、三十年，但不可能永遠稱霸，遲早會被其他更王道的生態平台所取代。

台積電的王道經營哲學

早期高科技產業的發展原本是垂直整合，但從九〇年代開始，整個世界的產業趨勢開始走向分工化（Disintegration）。

在 1991 年《哈佛商業評論》（Harvard Business Review）的一篇文章就提到，世界已開始朝向「Computerless computer company」（電腦公司不再製造電腦）及「Fabless semiconductor company」（半導體公司也沒有晶圓廠）發展。

而這場個人電腦與半導體產業的典範轉移，始作俑者就是宏碁與台積電。在個人電腦領域，宏碁在 1983 年推出自有品牌並同時提供代工服務；而在半導體領域，台積電於 1987 年創立並帶動專業晶圓代

工的創新商業模式。

台積電也在晶圓代工這個創新的模式下領先同業，從一開始只有三流的技術，在對的經營模式下，一路累積實力，不斷擴大規模及投資，如今成為世界一流的頂尖企業，並專注在晶圓代工的分工領域創造價值。

在半導體的產業生態中，台積電也建立起利益平衡的機制，除了與設備供應商攜手合作，也在新設備開發過程中提供許多協助，並回饋試用意見。此外，台積電不與客戶競爭，專注在晶圓代工領域，讓客戶專注開發符合市場需求的 IC 設計，並與客戶建立長期信任的關係，不像他的競爭對手三星或英特爾。

台積電創辦人張忠謀先生雖然從不談王道，但他有東方文化的深厚底蘊，也了解西方文化，實際上他的經營信念就充分反映了王道精神，並落實在台積電的經營模式中，與客戶及供應商等所有的利益相關者一同共創價值，可謂是王道領導哲學的最佳範例。

王道與競爭

　　很多人會以為王道是不談競爭的，其實這是錯誤的觀念，王道也是談競爭的。從王道談競爭，思考的是在有限的資源下，誰相對能夠為社會創造出更高的附加價值。

　　因此如果在競爭之下，相對無法有效利用資源來創造價值者，自然就會被淘汰，如此才不會浪費社會資源。

　　而競爭也是為了讓社會往前進步，當身處在平台競爭的時代，不同生態之間的競爭，贏家往往是能找到更有效率或更能創造價值的新模式，更能兼顧生態的利益平衡，因而獲得青睞，進而打敗對手。

結盟群雄「打群架」

　　我相信在建構一個王道產業生態的目標下，台灣產業界可以對國際社會作出更大的貢獻，結盟全球各

地群雄一起「打群架」。我們不能只靠自己，要靠生態圈內的成員一起合作，落實王道理念，迎接未來的產業新機會。

我也提出，台灣應該要成為「第三世界的雲服務平台」，在新經濟時代扮演中、美兩大經濟體之外的雲端服務平台。因為我們不具備中、美的大規模市場，因此可以透過與我們條件接近、相對市場規模較小的合作夥伴，針對歐亞等第三世界市場搭建平台，創造經濟規模。

第十三章

GloRa：立足台灣、
放眼世界

　　「GloRa」（Global Radio）是由中山科學研究院技轉民間的窄頻無線傳輸技術，透過開放式創新平台，讓使用者可以自行建構一個傳輸穩定可靠、低功率、高資安的通訊基礎建設。

　　GloRa 技術源自於 LoRa（Long Range）技術，LoRa 技術對未來物聯網的發展扮演很重要的角色，但這個技術本身有一些限制，所以當時由中科院出來的團隊，就開發出 Super LoRa 技術，用以解決 LoRa 技術上的一些限制，如傳遞的距離、傳遞的可靠度、電池的持久性等問題。當然如果直接命名為「Super LoRa」會侵害到 LoRa 的商標，所以改稱「Super TaiRa」（Taiwan Radio 的觀念），因為它是用雷達相關技術所開發出來。

「GloRa」的目標在於整合上中下游供應鏈，進而建立一個 GloRa 的王道產業生態，集結大家的力量一起「打群架」。

開放式的創新平台

但我認為這一個技術平台如果用「TaiRa」（Taiwan Radio）作為品牌推動國際化可能不是很理想，要在國際上推廣可能也會有一些困難。因此，我就把它改名為「GloRa」（Global Radio），以此品牌名稱來對外推廣。

之所以打造 GloRa 平台，最主要是希望台灣的人工智慧物聯網（AIoT，指 IoT 物聯網導入 AI 人工智慧）生態的參與者，大家共同利用 GloRa 這個「Open Innovation Platform」（開放式創新平台），這個平台也是台灣領先世界的一個無線通訊平台，對

於未來 AIoT 的生態發展是很重要的一個技術平台。

GloRa 最重要的是軟體的技術，如果能在 GloRa 這個平台建構起一個平衡的生態，那台灣在世界上就可以扮演更重要的角色，影響力也較大。而且 GloRa 平台的標準可以成為公共財，讓各領域業者在此平台一起攜手合作。

過去提供平台的人，往往都會有贏者全拿的思維，但 GloRa 的出發點是從王道精神出發，不只希望台灣的業界一起共創價值且利益平衡，還要做到讓整個 GloRa 的生態在全世界普及化的過程中，大家都能利益平衡，共存共榮，而不是贏者全拿的思維。

發起成立「台灣全球無線平台策進會」

為進一步推動「GloRa」在 AIoT 的技術發展及應用，以迎接物聯網產業的創新與機會，同時結合產業各界組成台灣「夢幻虛擬國家隊」，2020 年我與當時交通大學（現為陽明交通大學）副校長暨終身講

座教授林一平共同發起成立「台灣全球無線平台策進
會」來全力推動 GloRa，並由林一平教授出任首屆理
事長，我擔任榮譽理事長。

　　目前「台灣全球無線平台策進會」的會員包括宏
碁集團旗下相關企業（宏碁通信、宏碁智通、智聯服
務、展碁），以及其他企業包括全波、智頻、聯發
科、凌群、南京資訊、常榮機械等等；此外還有陽明
交通大學、工研院、資策會、台北市電腦公會、台灣
物聯網產業技術協會等單位。策進會希望在這樣的技
術標準之下，在各個分工與應用都可以創新，讓業界
共同討論一個標準，產生良性競爭。

　　在策進會成立後，其中一個很重要的任務就是建
立標準，由上中下游業界共同討論出標準。建立標準
的好處是在符合標準之下，各個分工可以獨立創新，
而且是在競爭的環境之下，讓客戶可以選擇，不要壟
斷，產生良性競爭的一個生態。

　　未來台灣在 AIoT 的硬體一定會扮演重要的角
色，只是目前還缺乏通訊的平台。藉由建立起 GloRa
這個技術平台，每一個人就可以建構自己的通訊基礎

設施，並連接到已經很普及的 Internet 基礎建設，有利 AIoT 未來的發展。

　　台灣過去對於推動全球 PC 的普及化，扮演了很重要的角色，未來如果台灣能夠多加一點軟體的基礎建設架構平台，也能在 AIoT 普及化作出貢獻。

建立 GloRa 王道產業生態打群架

　　以「GloRa」作為未來長期經營的品牌與平台，目標在於整合上中下游供應鏈，進而建立一個 GloRa 的王道產業生態，集結大家的力量一起「打群架」。

　　在 GloRa 這個開放創新的平台上，參與平台的業者可以自行建構採用 GloRa 技術的基礎建設，應用在物聯網，當中具備以下幾點優勢，包括傳輸穩定可靠、低耗能、易維護、高資安性、具彈性規模，而且經濟效益較高。我也期待未來大家可以在此平台上攜手合作，以「夢幻虛擬國家隊」迎（贏）向全球 AIoT 崛起的大契機。

目前台灣除了台塑集團、友達集團、緯創資通等企業已導入製造業廠區監控的相關應用外，GloRa 技術還可進一步應用在智慧交通、智慧城市與感測、智慧交控與路燈控制、智慧城市與 Ubike、智慧農業、緊急救援人員的定位，未來還將推向國際市場。

尤其過去資訊電子業的毛利已降為「毛三到四」（指毛利率 3% 到 4%），但在 GloRa 平台上的創新應用，未來有機會可以創造「新毛三到四」（指 30% 到 40% 以上的更高毛利率），為台灣產業發展開創一條新路來。

做世界的朋友

現在產業環境的挑戰很多，台灣必須走出去才有機會，而服務業的國際化有千倍機會、百倍挑戰，實現的策略必須要以內需來帶動外銷。

所謂「千倍機會」指的是：2（GDP）X5（附加價值空間）X100（市場空間）= 1000。在已開發國

家的服務業 GDP 規模往往是製造業的兩倍以上，加上服務業未來可以改善的空間（比起製造業）及其效益，估計可創造五倍以上的附加價值，且如果能複製到海外市場，發展空間將是在台灣的百倍以上，因此未來有千倍機會。

當然，挑戰亦不小，所謂「百倍挑戰」是指：5（創新價值）X 20（國際經營）=100。主要在於服務業要創新價值服務的難度有五倍之外，且國際經營的挑戰難度又高了 20 倍，因此將有百倍以上的挑戰！

如果我們能夠把台灣的智慧農業、智慧製造、智慧醫療、智慧能源、智慧交通等弄出一個完整的解決方案，不僅可以帶動相關產業發展，也能創造更多的示範場域。像台灣在這次 COVID-19 的防疫工作做得很好，全世界各國就會來參考我們的做法。

我一直在倡導王道精神的共創價值、利益平衡思維，就是希望大家能藉由這個開放式創新平台，建立起共榮共享、良性競爭的王道產業生態。

第十四章

數位防疫寫下「東方矽文明」的精彩扉頁

我在 1989 年提出要建設台灣成為「科技島」，當年成為政府與民間的全民運動，成功推動台灣產業朝科技業轉型，也為台灣帶來經濟發展的一波榮景。

七年後，有感於只重視科技發展並不足夠，於是1996 年我進一步提出「人文科技島」，強調建設台灣在「科技」之外，也要重視「人文」創新的精神，才是台灣要走的方向。

從提出「人文科技島」願景至今，已經過二十多個年頭，台灣在資通訊與半導體領域已成為全球的製造重鎮，但面對大環境的改變，雲世代已經來臨，台灣下一波發展方向該往何處走？產業如何轉型才能繼續創造價值？這些都是大家共同關心的議題。

台灣可掌握這個關鍵時機，在國際上推廣台灣
在數位防疫及智慧醫療累積的經驗與成果，同
時掌握發展防疫產業的新機會。

台灣新願景：「東方矽文明」（Si-vilization）的發祥地

　　於是在 2016 年，宏碁成立四十週年之際，為面
對未來的新挑戰，我再次提出台灣的新願景就要以成
為世界的「創新矽島」（Si-nnovation）為定位，並
打造台灣成為「東方矽文明」（Si-vilization）的發
祥地。

　　人類的文明發展和科技息息相關，在文明發展的
過程中，好的東西會流傳下來，受到大家的嚮往及讚
賞，成為文明的一部分。從石器時代文明到青銅器時
代文明一路發展下來，如今「矽文明」時代已來臨。

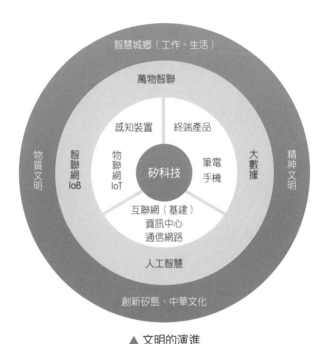

智慧城鄉（工作、生活）

萬物智聯

感知裝置　終端產品

物質文明　智聯網 IoB　物聯網 IoT　矽科技　筆電手機　大數據　精神文明

互聯網（基建）
資訊中心
通信網路

人工智慧

創新矽島、中華文化

▲ 文明的演進

　　台灣在 ICT 產業的發展基礎上，目前晶圓代工
的技術及規模已達世界第一，密度也最高，台灣已成
為「矽島」，「矽」可說是未來創新的核心，也是創
新的載具，台灣在此已掌握優勢。

　　此外，要打造台灣成為「東方矽文明」的發祥地
還有二個契機：一是華人已成為全球最大的市場，且

台灣現階段相對已有許多華人優質生活的創新應用，具備有利的發展條件。二是在歷史因緣下，台灣的中華文化保存最為完整且底蘊最深，加上藝文蓬勃發展，年輕人的創意與創新源源不斷，因此客觀環境的條件也具有相對的優勢。

亞洲的人口最多，先以東方的需求為目標，結合台灣科技與東方人文兩大元素進行創新，率先建立起華人優質生活的創新應用，亞洲將先受惠，再精益求精並不斷積累，進而對全人類作出更具體的貢獻，相信台灣未來絕對有條件及潛力成為「東方矽文明」的發祥地。

文明重中之重：「防疫、健康、醫療」

此次新冠疫情對全球造成重大的衝擊，大家的生活都受到影響，不過戰勝疾病，維繫人類健康也是文明重要的根本。

文明重中之重，就在「防疫、健康、醫療」這三

件重要的大事，台灣在過去的發展基礎上，更要透過資通訊（ICT）平台及人工智慧（AI）應用，在數位防疫、健康聯網、智慧醫療等領域為全人類作出更大的貢獻。

尤其進入矽文明的時代，我們也可以看到防疫和科技有密切的關係，台灣除了有一流頂尖的醫學研究人才與醫療水準，如何借重 ICT 與 AI 科技，將成為防疫工作成敗的關鍵。

台灣的防疫成果成為全世界的模範生，能有此成績我的看法是，台灣的防疫能量整合了醫學研究與醫療服務、科技與人工智慧、健保制度，加上高素質且高水準的民眾配合，成功建立就連新冠病毒也吃鱉的防疫網，讓台灣的防疫工作取得全世界的領先地位，並將經驗分享給全世界。

就像此次台灣在防疫過程中展現了台灣的矽科技文明能量，包括整合健保的口罩實名制、國人旅遊史註記、掌握追蹤防疫足跡、疫情簡訊通知，以及政府、學研攜手民間業者投入新冠疫苗及快篩試劑的開發等，都受到大家的讚譽。

發起成立「數位防疫產業大聯盟」

由於我們的防疫成果有目共睹，大大提升台灣在防疫領域的形象，正可掌握這個關鍵時機，進一步在國際上推廣台灣在數位防疫及智慧醫療上所累積的經驗與成果，同時掌握發展防疫產業的新機會。為此，我在 2020 年中與台灣研發型生技新藥發展協會理事長張鴻仁共同發起成立「數位防疫產業大聯盟」，聚焦在對外推廣台灣數位防疫及智慧醫療的能量。

防疫產業鏈範圍很廣，包含國家防疫管制等等，但是大聯盟目前主要是以推動與資通訊相關產業為主，其一是 IT 資訊平台，尤其是衛生福利部疾病管制署（Taiwan Centers for Disease Control, CDC）的資訊平台；另外是電子醫材產業，未來還規劃進一步納入防疫檢驗。

這也是屬於超前部署，利用防疫全球第一的形象，與全世界作更多的溝通，把台灣的數位防疫與智慧醫療成果行銷到全世界，未來有機會對全世界作進一步的貢獻。

　　目前外貿協會配合政府政策推廣台灣防疫產業，已建立台灣防疫產業生態系地圖，且建置線上「防疫國家館」英文網站（https://www.anticovid19tw.org/），是個面向全球且整合台灣醫療優勢的數位平台，分享台灣成功防疫的經驗與訊息，其中也規劃了「防疫產業生態系專區」（Anti-Epidemic Products Providers），以台灣醫療及防疫產業等能量與全世界共同度過疫情挑戰。

　　「數位防疫產業大聯盟」未來希望能借重外貿協會、台北市電腦公會、GO SMART 全球智慧城市聯盟等公協會在全球各地的據點及影響力，有效推展台灣在數位防疫及智慧醫療所累積的經驗與成果。

　　台灣此次用數位防疫的成果，在東方矽文明的發展史上寫下了精采的扉頁，我認為只要在各領域逐步累積更多受到全世界嚮往及讚譽的好案例，在「數位防疫產業大聯盟」與所有的聯盟成員攜手下，台灣未來絕對有條件及潛力成為「東方矽文明」的發祥地，與由西方世界主導的「西方文明」並駕齊驅，分別在東西方為全人類作出更大的貢獻。

第十五章

科文双融，建構
藝文新生態

　　雖然我沒什麼藝術細胞與文學素養，不過在我退休後，2011 年卻意外接任了國家文化藝術基金會（國藝會）第六屆董事長，也成為國藝會創會以來第一位出身自企業界的董事長。特別是以我理工科系的學習背景，對藝文可說是個門外漢，竟然在當時被推薦擔任國藝會的董事長？一開始連我自己也很納悶，「怎麼會找上我呢？」可能是我在退休後，經常去兩廳院看表演，所以被相中。

　　當時在文建會（現已升格為文化部）盛治仁主委的盛情邀約下，我思考了一、二個月，還特別徵詢了我在藝文界的良師益友——雲門舞集創辦人林懷民老師與鳳甲美術館創辦人邱再興學長後，才決定接下這個重任。

藉由引進科技平台與新科技，推動文化與科技的跨域整合，相信可以有效提升表演藝術的附加價值。

改變藝文生態，建立新機制方能創造價值

後來我想，當時文建會之所以會邀請我擔任這個職位，應該是因為藝文界的資源相對有限，希望藉由我出身自企業界的背景，將企業經營的新思維引進藝文界，並為藝文領域開創更多的資源。

對我來說，這是個可以「挑戰困難、突破瓶頸、創造價值」的任務，政府整體的資源愈來愈少，可以補助藝文界的資源有限，如果不去改變現有的藝文生態，長期下來藝文界的發展將面臨瓶頸，這就是新的挑戰所在，有待建立新的機制才能突破瓶頸，進而為藝文界創造價值。

　　而這也是在我在退休整整六年後，願意破例接任新職的原因，除了感到任重道遠，也希望藉由我的參與，能為藝文界帶入更多新思維與創新的機制。

鼓勵藝文界創新價值

　　其中一個新思維，就是鼓勵藝文界要有「兼商」的思維。這個觀念很重要，藝文創作者投注心力在創作上，如果只有自己或少數人欣賞，所創造的價值就會相對有限，如果能讓藝文創作變成是可以讓多數人欣賞的，那所創造的價值就會變得更高。

　　如果欣賞藝文的人夠多，只要建立一個付費的機制，讓欣賞的人付一點費用，那藝文創作者就不用只靠補助或贊助，而可以透過藝文消費，讓藝文生態能生生不息。這當中有一個很重要的觀念是，藝文創作可以是「獨樂樂不如眾樂樂」，要藉由價值交換與更多人分享，方能創造出更大的價值，也才能為藝文界引進更多的資源。

科文双融，整合文化與科技

而在我卸任國藝會董事長（2011-2016，兩屆任期六年）後，退休後依然與藝文界有著不解之緣，還陸續擔任雲門文化藝術基金會董事長、灣聲樂團後援會會長、TC 樂友會長，同時也是文化科技發展聯盟召集人，斜槓人生多彩多姿。

2019 年底，我更成為「最老的創業家」，因為 75 歲還在創業。為協助藝文界推動「文化」與「科技」跨域双融共創價值，在文化科技發展聯盟民間指導委員共同發起下，不僅在 2019 年 12 月正式成立「科文双融公司」，我還重披戰袍擔任董事長，希望能整合台灣在文化與科技跨領域的優勢，為藝文產業建立新生態。

科文双融是台灣第一家以文化科技為核心業務的整合顧問與種子基金投資公司，主要核心精神是「價值共創、利益平衡」，希望能以策略合作與結盟的形式推動，並以整合平台經營為導向，擴大市場應用規模，推動可複製與規模化的市場商業模式，並向國際

輸出台灣文化科技實力。

科文双融公司初步鎖定三大投資方向，包括目前已打造兩個藝文數位展演新平台「双融藝」與「双融域」，以及透過種子基金投資具知名度及市場性的新數位內容知識產權（Intellectual Property, IP）。這些對台灣未來藝文生態的發展都有重大影響。

「双融藝」是結合整合行銷、電子售票網來提供智能服務，建立藝文團體與消費者供需兩端互利的平台，主要希望因應後疫情時代，透過平台對藝文界提供票務及會員管理服務。同時是一個提供行銷協助，善用社群工具、數據分析與跨界策略行銷的新型態行銷平台，希望在藝文團體、劇場與觀眾之間塑造新的共享生態。

「双融域」則是經營展演場域，第一個展演場域規劃在台北 101，將以科技打造台灣最前瞻的數位展演平台，並以高規格投影機打造全沉浸式投影空間，同時透過環場音效呈現身歷其境的真實效果，並整合體感互動、智慧環控系統與 5G 專網，期望扮演數位展演整合創新服務的平台。

文化科技種子基金則將循環重覆投資以發揮最大效益，也期待能集結跨界的資源，為藝文界打造生生不息的新生態，建立更能帶動創新的合作模式及分潤模式，進而共創價值。

從微笑曲線看台灣的表演藝術

依我的觀察，當前台灣表演藝術面臨的困境，主要在於台灣市場規模太小，每一場演出複製的成本太高，加上研發、道具等等，前期投資往往無法回收。

從微笑曲線來看表演藝術，在現況下，表演藝術能創造的附加價值相對受限，但如果藉由引進科技平台與新科技，推動文化與科技的跨域整合，相信可以有效提升表演藝術的附加價值。

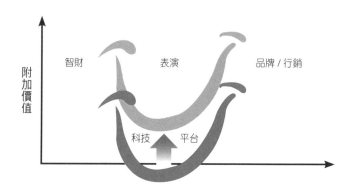

培養台灣藝文消費市場

　　過去台灣藝文團體的票房主要是靠政府資源補助或爭取企業的公益贊助，為了讓台灣的藝文消費市場更普及，讓整個藝文消費生態更多元，我也建議藝文界要爭取企業福委會及行銷部門的預算，讓合作的雙方可以共創價值、互蒙其利。

　　此外，政府除了由文化部發放藝文消費券來帶動台灣的藝文消費市場之外，還可以在政策上透過教育部編列預算，從校園開始及早培養學生的藝文消費習慣，希望能成為日後的藝文消費人口。

打造「台典音樂」品牌面向國際

　　由我與灣聲樂團共同發起的《臺灣的聲音 新年音樂會》，自 2019 年舉辦至今已累積三年推廣台灣音樂的成果，而我也建議以台灣音樂元素所創造的台灣經典音樂，應可命名為「台典音樂」，並以此作為台灣經典音樂在國際上的品牌。以「台灣經典音樂」（Taiwan Classic Music，簡稱台典音樂）面對國內外市場，借重歐洲古典音樂的規格加上台灣多元文化的元素，進一步開創「台典音樂」的新未來，將台灣的音樂推向國際，讓世界聽見台灣。

Transforming
the Future

第四部

翻轉未來

第十六章
以王道價值系統觀翻轉思維

　　我所倡議的「王道」，包括「創造價值、利益平衡、永續經營」三大核心信念。由於社會的價值是由眾人共創，因此要兼顧所有利益相關人的利益平衡，也唯有建構一個能共創價值且利益平衡的機制，才能實現永續的目標。

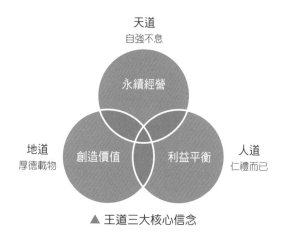

▲ 王道三大核心信念

> 各行各業都要有「兼商」的觀念，在做好自己的本業之外，要為社會創造價值就需要透過「商」的價值交換機制。

這三大核心信念也與中國傳統的「天、地、人」思維相互呼應。創造價值談的是「地道」，強調的是出自《易經》的「地勢坤，君子以厚德載物」；利益平衡則是「人道」，強調的是「仁禮」，談的是多方之間的相互關係與秩序；永續經營談的則是「天道」，強調的是「天行健，君子以自強不息」。

創造價值、利益平衡、永續經營

在三大核心信念中，「創造價值」是重中之中，且王道的價值系統觀更要從「六面向」來看待事物創

造的總價值，在「有形、直接、現在」的顯性價值外，更重視「無形、間接、未來」的隱性價值。

而如何才能為社會創造價值呢？關鍵就要思考「如何藉由不斷創新來創造價值？」舊的事物在發展過程中慢慢會貶值，只有透過不斷創新，才能繼續創造出新的價值。

其次談到「利益平衡」，由於價值需要很多利益相關者來共同創造，因此在創造價值外，還要建構一個所有利益相關者可以共創價值的機制，且要確保利益平衡，才能建構一個所有參與者能相互信任的合作機制與平台，這就是王道精神所在。

西方民主政治的理念是人人平等、一人一票，從這個角度來看，這是「絕對平衡」，但從社會文明進步的實際發展來看，每個人對於社會貢獻的價值有所不同。因此，談利益平衡不應追求「絕對平衡」，而是要追求「相對平衡」、「動態平衡」，需要有權重的概念來作修正。

最後談到「永續發展」。企業追求永續發展，創

造價值的同時必須兼顧利益相關者的利益平衡，如此才能永續。否則一旦利益不能平衡，利益相關者就無法共創價值，原本的生態會無法永續發展。

翻轉傳統社會思維

　　傳統思維對於「士、農、工、商」這四種社會主要行業的排序，有其背景因素。古時候，「士」是讀書人，在社會中是少數人，也是社會中的領導人；「農」則使社會各階層的人都能吃飽，是社會安定的力量，否則人民吃不飽，就會掀起農民革命；「工」則是社會底層的勞動力，也傳承各種工藝技術；「商」則是商人，因不事生產往往被認為是賺取不當利益的「奸商」，無法為社會創造價值。

　　但實際上，社會經過幾千年的演進，對「士、農、工、商」的傳統看法已不合時宜。在現代社會，每個人都已接受教育，都具有一定的知識水準；而農業所創造的經濟價值，在現代社會只占整體 GDP 的

個位數；製造業（工業）則占 GDP 不到三分之一；反倒是如今服務業（商業）占 GDP 比重已超過三分之二。

因此，隨著社會變遷，從王道為社會創造價值的角度來看，也需要重新思考「士、農、工、商」的排序會較為恰當。

「士」在古時候都是社會上大大小小組織的領導人，只不過很多人是讀死書，但好的領導人要能情、理、法兼顧，尤其隨著科技文明的演進，面對社會的運作，領導人需要智慧，才能讓社會共創價值且利益平衡，帶領社會向前邁進。

以新「兼商」思維為社會創造價值

過去四十多年來，我一直致力於建立台灣的品牌形象，希望讓台灣在國際上的形象定位有所突破。但在過去的傳統社會中，因商人不事生產往往被認為是賺取不當利益的「奸商」，因此留下未能為社會創造

價值的刻板印象。但在現代社會，「商」扮演價值交換的重要角色，透過價值交換才能共創價值，滿足彼此的需求。

　　為此，我也特別提出新「兼商」的思維，藉由「新兼商」來正名，為商平反。

　　在正名的同時，我也呼籲商人要秉持「商道」的精神來經商，同時從王道的六面向價值來思考能否為社會創造出「有形、直接、現在」的顯性價值及「無形、間接、未來」的隱性價值，形象上接近「儒商」的定位。

商道：共創價值、誠信多贏

　　所謂的「商道」，商者「共創價值」，道者「誠信多贏」。「商」在社會中扮演價值交換的重要角色，透過價值交換來共創價值。服務業要面對社會各種需求，無所不在，所謂的買賣並不是誰賺誰的錢，而是一種價值的交換，在交易的過程中創造價值並滿

足客戶的需求，這也是經商的基本精神所在。

很重要的觀念是，要創造價值，各行各業都要有「兼商」（兼著做商人）的觀念，不論是學界、藝文界、政治界等等，在做好自己的本業之外，要為社會創造價值就需要透過「商」的價值交換機制，可以說生活在社會中，人人都需要透過價值交換，才能滿足生活中各層面的需求。

尤其面對知識經濟時代來臨，無形價值的重要性提升，近年法令觀念也有所翻轉，更重視無形智慧財產的保護。如過去對於偷東西，要偷有形的東西造成財產損失才叫偷，但現在偷了無形的東西，雖然東西沒不見，只要侵害權利就算偷，法令觀念本身已有所調整以適用到現代。

又如傳統有形的土地被租用了，就不能再租給別人；但無形軟體不只能給一個人租用，無形的東西反而愈多人用就愈值錢，這是過去所沒有的。

面對未來，將會有更多商業模式的創新，借重科技來造福消費者，共享經濟、體驗經濟、訂閱經濟都是現代的新商業模式，「商」已與每個人的日常生活

息息相關，且未來台灣要創造更高的價值，也有賴朝服務業國際化發展，服務業就是商業的一環，才能走出一條新路來。

尤其在社會文明持續進步發展下，從王道的價值系統觀來看，更要有「無形價值」重於「有形價值」、「隱性價值」重於「顯性價值」的新思維，才能有助我們翻轉未來。

第十七章

建構「產學共創」新機制

　　面對未來的挑戰，台灣需要全面轉型升級，就要朝創造更高附加價值的方向發展，才能提升整體競爭力。而要推動台灣的轉型升級，就要建構「產學共創」的新機制，才能有效促進產業全面轉型升級。

　　轉型升級不僅僅是產業界的責任，學術界也要共同參與，尤其升級需要大量優質人才投入研發，來自學術界的能量更是關鍵。

　　目前研究型大學普遍面臨研究資源不足，以及教授待遇偏低的問題，而需要不斷投入研發創新的高值產業，又苦於人才不足。雖然教育部在大方向已有此認知，並鼓勵學校推動「產學共創」的先導型計畫，但如何建構一個有效的「產學共創新」機制才是當務之急。

"
未來推動「產學共創」新機制，應建立「從產
（業）引學（術）」的對等夥伴關係，讓學術
研究與產業發展作更緊密的鏈結。
"

翻轉舊思維

「產學共創」新機制是一種對等的夥伴關係，不
但需要新的制度，更需要新的文化與價值以引進企業
的資源。且必須先改變觀念，翻轉舊思維，在碰到困
難與先前未有的狀況時，還要「依法想辦法」。

目前我在陽明交大台南校區也正積極推動「產學
共創」的新機制，與舊機制最大的差異點在於面對未
來發展時，學術界的研究要對產業作出貢獻，由產業
界參與提出未來研究的發展方向會較有效。

過去產學合作的思維是以學校為主體，而未來推
動「產學共創」，則應建立「從產（業）引學

（術）」，讓學術研究與產業發展作更緊密的鏈結。

「致遠產學共創中心」正式啟用

以陽明交大台南校區「致遠產學共創中心」在
2020 年正式啟用為例，面對國際化的新挑戰，台灣
產業要朝高附加價值的方向轉型邁進，關鍵就在建構
「產學共創」的新機制，致遠產學共創中心寫下新里
程碑，未來將可以扮演台灣產業轉型升級的火車頭。

從 1966 年成立加工出口區到 1981 年設立科學園
區，如今在 2020 年台南陽明交大校園啟動產學共創
中心的研究園區，具有時代性的重要意義，未來也將
透過「產學共創」來建立產業轉型升級的新機制，同
時塑造研究園區的新文化。希望在產業、企業、學
校、教授、學生等利益相關者共同攜手努力之下，帶
領台灣再往前一大步，建構一個可以共創價值且利益
平衡的新機制。

致遠產學共創中心將扮演領頭部隊的角色，加上

在致遠樓之後，即將籌建同行樓，未來兩大產學共創中心的研究園區將成為台灣產業轉型升級的火車頭，並且是台灣加工出口區及科學園區的製造基地提升價值的關鍵元素。

尤其致遠樓沒動用到政府的預算，只由學校提供校地，並找企業共同建造，這是相當創新的新模式。由於沒有受到政府採購法的限制，成本相對較低，速度也快很多，在政府政策支持下，大家「依法創新、想辦法」，引進民間的活力來提升國家整體競爭力，讓民間資源得以更有效利用，這也是啟動民間與政府合作的新模式。

建構「產學共創」新機制需要有新思維

在「致遠產學共創中心」，學校與企業同屬產學共創中心的成員，企業投注研發人力及資源在這個平台上，陽明交大台南校區負責招生教學，產學攜手合作，協同研發培育人才。

其次是建構「產學共創」的新機制需要有新思維，非以「公益」的思維出發，而是要以「互惠」的思維，如果是以公益的思維來參與，資源相對有限，唯有平等互惠的思維，才能讓雙方共創價值、利益平衡，也才能讓合作永續。

企業如果有使用到公家資源，IP 應依資源投入的比例共有，由企業主導應用，也應思考如何分潤給學校；對於由企業出資與學校共創的智財，如果有創造利潤，也要建立回饋學校的文化與風氣。

突破既有機制，依法想辦法

為達此目標，我們要先翻轉思維、建構新機制，才能進而改變行為，釋放能量，讓新思維能有效落實。主管機關或主導單位的首長及行政人員也要有「依法想辦法」的精神，一起積極想辦法，先以先導計畫或試點來推動，作為未來全面推動的基礎。

且為了降低變革的阻力，需要充分對內外溝通，

雖然新機制尚未成熟，初期可能因考慮不周需要依實際情況不斷調整，我們要有容錯的精神，不斷探索組織長期有效運作，並將資源釋放出來的新機制。

至於「產學共創」可創造價值的空間與策略方向，以陽明交大為例，未來可以聚焦在「人工智慧」（AI）、「半導體」及「智慧醫療」三大發展項目，具體推動方向如下：

一、AI 領域的產學共創：以陽明交大台南校區為主，以市場應用為導向，建構可獨立運作的新機制，不受既有組織的牽制，如此才能充分發揮。

二、半導體領域的產學共創：以新竹校區為主，以技術為導向，在大組織內建立新的運作機制。

三、智慧醫療領域的「產產學共創」：一般學校醫學院與醫院的產學合作機制本就是常態，在陽明交大體系，醫院可借重學校在資通訊領域的基礎，建構更有效的共創機制，尤其從新微笑曲線來思維，建立起跨領域共創價值的新機制，我稱之為「產產學共創價值」。

　　推動轉型升級需要建立遠大的目標，並建立新的機制，讓所有參與其中的利益相關者有共創的誘因，一起朝新目標共同努力，才能建立起「產學共創」的新生態，並成為台灣產業轉型升級的重要推手。

　　要落實轉型升級，也許要花二十年以上才能開花結果，但我們可以用熱情來改變世界，一起共同參與台灣轉型升級的重要工程。

第十八章

加速產業數位轉型

在世界各國正加速推動產業 4.0 變革之際，台灣產業也正面臨轉型升級的關鍵時刻，結合人工智慧、大數據、物聯網等產業發展大趨勢，將為產業創造新一波的發展機會，也攸關未來台灣的產業競爭力。

過去為扶植台灣高科技產業的發展，政府在七、八〇年代提出多項投資抵減的措施，鼓勵企業投資在人才訓練、研究發展、自動化設備等項目，並委由法人協助產業推動全面品質管理（Total Quality Management, TQM）及生產自動化，以加速產業升級，加上科學園區的設立，造就台灣高科技產業的快速起飛。

如今再次來到台灣發展的關鍵時刻，產業轉型升

"

台灣的產業轉型升級已刻不容緩，政府應加速
推動產業 4.0 轉型升級，提升台灣智慧製造的
競爭力。

"

級已刻不容緩，為提升台灣長期競爭力、推動經濟發
展，我建議政府應加速推動各產業朝產業 4.0 轉型升
級，利用台灣在人工智慧（AI）、大數據（Big
Data）、雲端運算（Cloud Computing）的產業基礎，
再加上台灣最具優勢的硬體裝置（Device），帶動各
行各業啟動數位轉型。

數位轉型，政府應祭投資抵減獎勵

為推動各行業的轉型升級，我也建議政府應祭出
獎勵措施，立法院應再次展現先前為防疫工作火速通

過制定《嚴重特殊傳染性肺炎防治及紓困振興特別條例》的效率，為了振興國內經濟發展，比照盡快立法通過投資抵減案，讓財政部對企業朝產業 4.0 的轉型提供投資抵減。

各行業申請投資抵減時，只要提供投資項目並列舉投資前後的差異及效益，其所投資的金額都可申請投資抵減，以此作為獎勵投資的誘因。雖然一開始財政部的稅收可能會因此減少，但相信從長遠計，未來十年、二十年內，企業所繳的稅金一定會加倍奉還。

此外，為有效推動各行業的轉型升級，經濟部、科技部及各部會旗下的法人單位，也要動員來全力支持產業 4.0 的相關推動計畫。

在台灣各行業推動產業 4.0 計畫的同時，各部會應政策性創造市場需求，「以內需帶動外銷」的策略，藉由國內市場需求帶動，讓業界可以有將創新落實的舞台，並在台灣練兵後，進一步以國際為市場，掌握國際化的機會。

尤其在智慧製造領域，台灣許多具規模的製造業

多年來已有此認知並開始進行數位轉型，中小企業中更有許多隱形冠軍，各行業逐漸感受到數位轉型對智慧製造的重要性，未來政府如能輔以投資抵減的政策誘因，將可有效加速各行業推動數位轉型，提升台灣智慧製造的競爭力。

除了智慧製造領域，未來也要強化推動智慧醫療、智慧交通、智慧零售、智慧觀光等服務業國際化項目，將有「千倍的機會」，雖然，相對也會有「百倍的挑戰」等待我們去克服，在發展策略上就要借重台灣的產業優勢基礎，以利進一步創新開發出提供優質生活的各種新服務。

美國政府以國家安全因素為由，希望借重台灣在世界領先的半導體技術，邀請台積電赴美投資設廠，台積電也已宣布在美國聯邦政府及亞利桑那州的共同理解和支持下，將於美國興建且營運一座先進晶圓廠，雙方即將進一步洽談合作細節，由此可以看到台灣的實力。

軟體產業的數位轉型

軟體所創造的價值高低，取決於能否大量複製及重覆使用，過去台灣軟體產業的發展因國內市場相對較小，業者投入的成本高，回收較少；但如果是以承接政府大型專案為主的業者，又不易將專案開發的軟體複製重覆使用，導致軟體產業生態不夠健全。

面對未來的挑戰，民間軟體業者需找到能複製的項目並以國際化為目標，才能有效改善投資回收相對較不理想的問題。

不過軟體產業在台灣也擁有其他的優勢，例如台灣已具備國際級的 ICT 硬體基礎，如何在此基礎上面對未來，包括智慧城市、智慧醫療、智慧農業、智慧製造等領域正展開數位轉型，未來會有很多可以應用的機會，將會創造出許多新需求。

尤其面對數位轉型帶來的新機會，政府應以「內需帶動外銷」作為策略方向，推出的政策要為產業創造市場，而業者也應選定能有複製機會的項目，長期投入研發並優化產品及服務。

　　由於軟體產業本身的特質，在特定領域只有表現前幾名的業者才有利可圖，因此如果能策略性選定特定應用範圍，並進一步差異化及優化所投資的項目，且其他業者在同一領域的相同項目，除非有具競爭力及突破性的創新，應避免做沒必要的重覆投資，如此一方面產業生態會較多元健全，另一方面也有較大的創造價值空間，不致產生惡性競爭。

　　當然軟體所創造的價值，也需要業主的認同與肯定，才能為台灣軟體產業帶來正面的影響，否則軟體的價值被低估，而業者投入的開發成本又高，長期將不利軟體產業生態的健全發展。

迎接數位轉型的新機會

　　未來台灣 ICT 業者如何在政府政策引導下，掌握 ICT 的創新應用，在新技術（5G、AI、雲端等）之下，以國際化為目標，思索轉型升級之道，相信將有助業者開創出自己的新未來。

台灣的實力不論是展現在防疫工作，或是推動各行各業朝產業 4.0 轉型升級的寶貴經驗，都可分享給國際社會，也是很多國家可以效法的典範。

因此，面對數位時代的新挑戰，台灣各行各業需要加速數位轉型，積極推動產業 4.0，方能提升各產業的競爭力，如此業者的利潤會提升，政府的稅收也會增加。

我也在此再三呼籲政府要針對推動產業 4.0 提供投資抵減的獎勵措施，相信可以有效引導產業加速數位轉型，這需要府院的高度重視，並動員各部會來配合，如此才能讓台灣掌握下一波經濟發展的新契機，這也是政府重要的「超前部署」，方能掌握未來的新機會。

第十九章
智慧醫療的新機會

過去台灣在半導體與 PC 領域對全球產業的典範轉移，扮演了始作俑者的關鍵角色，也讓台灣成為對全球 ICT 科技普及化的主要貢獻者。

面對未來智慧醫療的發展趨勢，我認為台灣有機會在此領域對全人類作出貢獻，雖然面對的挑戰很大，但未來可以創造價值的空間也最大。

台灣最優秀的人才都在醫界，雖然醫生的收入相較於一般民眾高，但高收入是犧牲生活品質換來的，這主要有兩個關鍵因素：其一是未能把醫療服務當作產業來發展，法令及醫療從業人員的思維以救人為志業，較缺乏產業化的思考；其次是未能國際化，能服務的病人數量有限，所以創造的價值受限。

如何尋求更具時效的 TFDA 模式，協助業界快速取得認證，這對未來產業發展的影響甚鉅，值得政府超前部署。

讓醫生睡覺也能賺錢，並對人類作出貢獻

多年以前，我就喊出我的使命是「要讓醫生睡覺也能賺錢」，而且還能對人類作出貢獻，這個夢想如今正一步步在實現。關鍵就是要借重智慧醫療的發展，將醫生的 Know-How 透過 ICT 平台與醫療服務相結合，並藉由人工智慧累積的大數據來協助。

如此，AI 就可以成為頂尖醫生的分身，替他服務更多的人，貢獻愈多，市場自然回饋更多，讓醫生在睡覺時，還可以繼續賺錢。

目前醫療花費占 GDP（Gross domestic product，國內生產毛額）的比重，台灣只占 6%，歐洲約占

10%，美國則高達 16%。雖然台灣的醫療花費支出相對低，但這是因為台灣的健保制度讓全民得以相對較低的費用，享受到高品質的醫療服務，也是讓全世界都羨慕台灣的健保機制。

由於台灣有全民健保制度，加上相對優質的醫療人員水準，以及台灣的 ICT 基礎，我認為未來台灣相對有更好的條件，可以掌握智慧醫療的新機會，藉由 ICT 與醫界的人才跨領域合作，在 AIoT 的應用發展下攜手共創價值，追求世界第一。

當然台灣發展智慧醫療也會面對許多挑戰。首先是形象的問題，要建立台灣在智慧醫療領域的優質定位與形象，需要時間來累積，此次台灣的防疫成績，有利我們建構優質的形象；其次則是國際化的挑戰，台灣較缺乏可發揮的舞台及國際化的人才。

因此，未來要打造台灣智慧醫療的王道產業生態，就有賴建立一個可以共創價值且利益平衡的合作機制，這也需要醫療與 ICT 雙方的產業人員多溝通合作，形成新的產業文化。

　　尤其這個產業文化應該要「百花齊放」而非「一枝獨秀」，因為醫療範圍十分廣泛，不同的科別都有其專業知識，差異化很大，要能積極投入，找到進一步發展與創造價值的空間，才能掌握智慧醫療的發展契機，並對台灣的產業及經濟發展注入新能量。

台灣 ICT 科技＋醫療能量＋企業精神

　　台灣的防疫成績有目共睹，受到全球肯定，加上目前在健康聯網與智慧醫療解決方案都已成熟，且台灣企業具有彈性、速度、品質、成本等優勢，可借重台灣的場域作為練兵場，以「內需帶動外銷」作為策略，再面對國際市場。

　　尤其醫療領域範圍廣，不同醫療領域的新創事業都可以百花齊放，各企業分頭發展，不會陷入單一產品惡性競爭的生態，以台灣的 ICT 科技加上醫療能量與台灣企業精神，相信未來發揮的舞台空間很大。

　　雖然目前很多電子醫材仍由國外廠商主導，但只

要國內的醫院體系願意積極導入採用國內廠商的電子
醫材，相信國產品會愈來愈成熟，成本也會降低。

這有賴醫院體系認同，以及衛福部應重視台灣產
業國際化的發展潛力，配合相關政策支持，包括健保
給付、國健署推廣、食藥署加速輔導認證等，才能讓
台灣的電子醫材及智慧醫療產業加速發展。

以「Taiwan Inside」作為品牌發展策略

台灣在智慧醫療領域已有能力做到世界一流，並
且不斷優化及精進，有機會成為台灣創造相對高附加
價值及高形象定位的新產業。

為達此目標，台灣需要超前部署，為台灣的電子
醫療及智慧醫療建立高形象的定位，並對國內外進行
溝通。

台灣經濟發展過去是以 B2B（企業對企業）為
主，品牌也多不是消費性產品的 B2C（企業對消費

者）品牌，如國際大廠 Apple、Tesla 的零組件就有許多是由台灣企業提供，可說是「Taiwan Inside」。

因此，未來的發展策略可以先透過 B2B2C（企業對企業再到消費者），且要想辦法讓消費者知道「這是來自台灣企業的創新」。

當然長遠來看，台灣企業還是要建立起 B2C（直接面對消費者）的品牌，雖然挑戰很大，但可從長計，慢慢在國際上建立起自己的品牌形象。

主管機關應有「產業發展思維」

而且，為了有效掌握智慧醫療的新機會，我也具體建議衛福部調整過去的「管制思維」，加入「產業發展思維」，賦予衛福部扶植健康醫療產業發展的任務，並編列相關預算，讓衛福部對台灣經濟的轉型發展也扮演一定角色。

其次，面對科技日新月異，我建議衛福部應與國

際接軌，相關規範也應及時調整，同時建構取得
TFDA（Taiwan Food and Drug Administration，衛生
福利部食品藥物管理署）的食藥認證規範的標準程
序，並積極在國內推廣、輔導企業的產品加速取得
TFDA 認證，在過程中累積經驗，讓業者可以更快拿
到各地 FDA 的認證，加速推廣到國際。

台灣在智慧醫材國際化有許多的新機會，如何尋
求更具時效的 TFDA 模式，協助業界快速取得認證，
這對未來產業發展的影響甚鉅，值得政府超前部署。

因此我也建議政府在前瞻計畫中，應可挪出部分
的經費投注在衛福部食藥署，用於支持投入更多的人
力及資源，以加速業者取得 TFDA，相信可帶動產業
的發展，日後也可進一步回饋在政府的稅收，同時對
醫療發展作出貢獻。

TFDA 的制度也應思考如何受到國際上的信任，
甚至率先在台灣具優勢的人工智慧與電子醫材領域，
塑造 TFDA 的國際形象與相對領先的認證機制，並
在認證速度與安全保障上受到國際的信任。

　　我相信 TFDA 如能在國際上建立起相對高位的形象，將是台灣相當值得投入的投資，又兼顧促進產業發展的新機會。

第二十章

翻轉台灣新未來

　　產業大環境變化十分快速，加上「世界是平的」的競爭激烈之下，多年來我因為關心台灣的競爭力及永續發展，在本書終章將以我長期的產業觀察，特別針對台灣未來發展定位、願景、策略提出一些建言。

台灣產業的發展定位

　　對於台灣產業的發展定位，我提出製造業要成為「全球研發製造服務中心」、服務業要成為「全球華人優質生活創新應用中心」。

> 由各行各業共組「夢幻虛擬國家隊」打國際盃，與當地合作夥伴攜手合作，建立一個共創價值且利益平衡的王道產業生態。

經過多年來的努力，台灣在研製服務方面累積的實力，已讓台灣成為全球 ICT 產業的製造重鎮，不論在半導體、面板等重要零組件，或是個人電腦、網通、伺服器與智慧型手機等等產品的組裝製造，國際品牌大廠都要借重台商的實力，這也讓台灣在全球 ICT 供應鏈扮演舉足輕重的角色。

至於在優質生活的創新應用方面，台灣也可以發揮創意，先在台灣找到創新應用的典範後，再進一步擴大複製成功經驗到海外市場。

服務業國際化的挑戰與機會

在全球經濟發展的大趨勢下，未來服務業的國際化有很大的潛力，也是台灣重要的新機會，台灣有此舞台，應該積極面對未來的新挑戰。台灣需要歷練並開發出具競爭力的服務平台以掌握這波新契機。

台灣在 ICT 的硬體領域競爭力世界一流，在軟體能力的方面也有發展的條件，但較缺乏舞台來磨練，未來如何在數位轉型的大趨勢下，以台灣為實驗場域，開發出能國際化且整合軟硬體及服務的平台，將是台灣經濟未來發展的新空間。

相對於台灣過去產業發展以製造業的外銷為主力，服務業國際化將有「千倍的機會」，當然相對也有「百倍的挑戰」等待我們去克服。

新思維：從「由左想右」到「以右引左」

面對未來台灣產業發展也要有新的策略思維。過

去我們的思維經常是「由左想右」（指由微笑曲線來看，習慣研發左端的創新技術後，就認為是市場會需要的新需求），而缺乏「由右引左」（指了解右端的市場，由終端使用者的需求出發，引導開發市場真正需要的新技術）的思維。

　　台灣的發展策略也應從過去「由左想右」（技術導向）轉為「以右引左」（市場需求導向），面對市場需求，以用戶為中心來引導投入的研發方向。

做得早、做得小

　　面對大環境的新挑戰，台灣未來要轉型升級就要超前部署。在發展策略上應該要「做得早、做得小」，並在過程中慢慢累積經驗並等待時機，等找到對的方向後再擴大投入資源，才能掌握最佳時機，如果太早耗盡資源，不但會後繼無力，也會打擊信心。

　　此外，我也提出「滾雪球」策略。要能產生滾雪球的效應，首先一定先要有「長坡」，所謂的長坡指

的就是「大趨勢」，要順著大趨勢來發展。如今像
IoT、5G、AI 的未來發展都是大趨勢，只要順著趨
勢，要滾大就不太費力。

以內需帶動外銷

台灣有 ICT 產業的 Know-how，未來服務業國際
化應借重 ICT 平台，進一步結合人工智慧（AI）、
物聯網（IoT）、雲端技術，並「以內需帶動外銷」
作為發展策略。

所謂「內需帶動外銷」，指的是政府應善用台灣
發展智慧城鄉、智慧交通、智慧農業、智慧醫療等內
需市場，作為業者的實驗場域及練兵場，在台灣市場
發展各種創新應用，讓業界有將創新落實的舞台。且
創新也要具備國際化的思維，在國內市場建立成功的
典範後，再進軍國際市場，拓展外銷。

為進軍國際市場搭建的舞台，各行各業可以結合
共組「夢幻虛擬國家隊」打國際盃，並與當地合作夥

伴攜手合作，建立一個共創價值且利益平衡的王道產業生態。

　　當然在服務業之外，製造業是台灣的強項，過去製造業都是尋找人力及土地成本，希望以較低廉的成本在海外設廠，進而形成零組件的產業聚落，但未來的發展思維，應該要以就近服務市場的思維來布局。單價高、體積小的產品留在台灣製造，單價低、體積與重量大的產品，則以智慧製造的軟硬體系統整廠輸出到海外，與當地的夥伴合作，就近服務當地市場。

翻轉台灣新未來

　　面對未來的新挑戰，我在 2016 年提出台灣未來的新願景就要以成為世界的「創新矽島」（Si-nnovation）為定位，並打造台灣成為「東方矽文明」（Si-vilization）的發祥地。（編按：Si-nnovation 及 Si-vilization 這兩個英文名詞為 Stan 哥自創）

過去台灣在物質文明方面已為全人類作出具體貢獻，未來應該強化創新的能力，不只是跟著國外的標準走，還要在現有的基礎上，提出創新產品的原創規格，進而成為國際標準。

在精神文明方面，台灣在數位防疫、健康連網、智慧醫療等領域具有發展優勢，政府應該在政策上重點推動，也讓台灣為全人類的精神文明作出貢獻。

此外，我在 2012 年發起成立「龍吟華人市場研發論壇中心」，探索華人市場的未來生活與消費趨勢。2019 年發起舉辦的「新年音樂會」，至今已舉辦過三屆活動，把台灣的音樂文明以經典音樂的展現方式向全世界推廣。

而 2019 年底推動成立的「科文双融公司」，則是希望整合文化內容與科技進一步帶來新體驗，並面向國際。

我所作的這些努力都是期待日後讓來自台灣的東方矽文明，能對全世界作出更大的貢獻，也希望藉此翻轉台灣，讓台灣有不一樣的新未來。

附錄
施振榮 Stan 哥的創新創業里程碑

1976 年	獲選全國十大傑出青年。
1976 年	以 100 萬元與創業夥伴共同創立宏碁公司。
1981 年	獲選全國青年創業楷模。
1983 年	獲選第一屆世界十大傑出青年。
1984 年	成立台灣第一家創投公司——宏大創投。
1992 年	提出「微笑曲線」。
1992 年	再造宏碁（第一次再造）。
1999 年	創辦標竿學院。
2000 年	宏碁的世紀變革（第二次再造）。
2005 年	退休後成立智融集團及智榮基金會（由 1988 年成立的秀蓮基金會更名）。
2006 年	獲美國時代雜誌（Time）選為 60 週年「亞洲英雄」。
2007 年	代表總統出席第十五屆亞太經濟合作會議（APEC）之領袖會議。

2011 年　接任國家文化藝術基金會董事長（2011-2016）。

2011 年　提出王道，並與陳明哲教授創辦「王道薪傳班」。

2011 年　獲頒國家二等景星勳章。

2012 年　獲頒工業技術研究院首屆院士（ITRI Laureate）

2012 年　成立「龍吟華人市場研發論壇中心」。

2013 年　擔任科技部（原國科會）「創新創業激勵計畫」榮譽教務長。

2013 年　三造宏碁，回宏碁接任 210 天董事長。

2014 年　擔任宏碁自建雲（BYOC）首席建構師。

2015 年　與台大會計系劉順仁教授攜手推動「王道經營會計學」計畫。

2016 年　宏碁創立 40 週年，倡議「東方矽文明」；擔任「亞洲 矽谷物聯網產業大聯盟」榮譽會長。

2019 年　發起舉辦首屆《臺灣的聲音 新年音樂會》並擔任共同製作人。

2019 年　對外發表「新微笑曲線」。

2019 年	75 歲與創業夥伴共同創立科文双融公司並擔任董事長。
2020 年	發起成立「台灣全球無線平台策進會」並擔任榮譽理事長。
2020 年	發起成立「數位防疫產業大聯盟」並擔任共同召集人。
2020 年	與陽明交大管理學院攜手成立「王道經營管理研究中心」並擔任榮譽主任。

Stan 哥的由來

除了因為我的英文名字是 Stan 外，2012 年與五月天樂團的主唱阿信一同受邀出席《天下雜誌》所舉辦的跨世代幸福論壇活動，當時阿信為我取了「Stan 哥」這個稱號，我很喜歡，自此之後我都自稱 Stan 哥，也拉近與年輕朋友們的距離。

國家圖書館出版品預行編目 (CIP) 資料

創新創業密碼：施振榮 Stan 哥的王道心法 = The keys to innovation and
entrepreneurship : Stan Shih's way of wangdao/ 施振榮著 .
 -- 初版 . -- 新竹市：國立陽明交通大學出版社 , 2021.05
　　面；　公分 . -- (管理與法律系列)

ISBN 978-986-5470-02-9(平裝)

1. 企業管理 2. 企業經營 3. 策略管理
494.1　　　　　　　　　　　　　　　　　　110005677

管理與法律系列

創新創業密碼：施振榮 Stan 哥的王道心法

作　　　者：施振榮
整　　　理：林信昌
責任編輯：程惠芳
美術編輯：theBand・變設計— ADA

出 版 者：國立陽明交通大學出版社
發 行 人：林奇宏
社　　長：莊仁輝
執 行 長：陳永昇
執行主編：程惠芳
編　　輯：陳建安
行　　銷：蕭芷芃
地　　址：新竹市大學路 1001 號
讀者服務：03-5712121 轉 50503
　　　　　　週一至週五上午 8:30 至下午 5:00
傳　　真：03-5731764
e - m a i l：press@nycu.edu.tw
官　　網：http://press.nycu.edu.tw
FB 粉絲團：http://www.facebook.com/nycupress

印　　刷：中茂分色製版印刷事業股份有限公司
出版日期：2021 年 5 月初版一刷
定　　價：220 元
I S B N：9789865470029
G P N：1011000475

展售門市查詢：
陽明交通大學出版社
http://press.nycu.edu.tw
三民書局
臺北市重慶南路一段 61 號 / 網址：http://www.sanmin.com.tw / 電話：02-23617511

或洽政府出版品集中展售門市
國家書店
臺北市松江路 209 號 1 樓 / 網址：http://www.govbooks.com.tw / 電話：02-25180207
五南文化廣場臺中總店
網址：http://www.wunanbooks.com.tw / 地址：臺中市西區台灣大道二段 85 號 / 電話：04-22260330